北京建筑大学学术著作出版基金资助

柴油机燃用甲醇柴油混合燃料燃烧与排放性能研究

周庆辉　著

U0313847

北　京

冶金工业出版社

2015

内 容 提 要

本书介绍了柴油机燃用甲醇柴油混合燃料的燃烧过程和排放特性。从甲醇与柴油混合燃料制取出发，以生物柴油作为助溶剂，分析甲醇与柴油的互溶性，配制出甲醇柴油微乳液的混合燃料；建立甲醇柴油混合燃料在柴油机上燃烧过程的多维数学模型；分析甲醇－生物柴油－柴油混合燃料在柴油机上的燃烧过程；测试在柴油机上燃烧甲醇－生物柴油－柴油混合燃料的常规和非常规排放特性；研究在加速工况下甲醇－生物柴油－柴油混合燃料对柴油机性能的影响等。

本书可供从事柴油机开发和设计的工程技术人员、相关企业和研究所的技术人员阅读，也可供高等院校车辆工程、热能与动力工程等专业本科生、研究生参考。

图书在版编目（CIP）数据

柴油机燃用甲醇柴油混合燃料燃烧与排放性能研究/周庆辉著 . —北京：冶金工业出版社，2015.9
ISBN 978-7-5024-7007-4

Ⅰ. ①柴… Ⅱ. ①周… Ⅲ. ①柴油机—混合燃料燃烧—烟气排放—研究 Ⅳ. ①TK421

中国版本图书馆 CIP 数据核字（2015）第 222160 号

出 版 人　谭学余
地　　址　北京市东城区嵩祝院北巷 39 号　邮编　100009　电话　(010)64027926
网　　址　www. cnmip. com. cn　电子信箱　yjcbs@ cnmip. com. cn
责任编辑　廖 丹　美术编辑　杨 帆　版式设计　孙跃红
责任校对　郑 娟　责任印制　李玉山
ISBN 978-7-5024-7007-4
冶金工业出版社出版发行；各地新华书店经销；固安华明印业有限公司印刷
2015 年 9 月第 1 版，2015 年 9 月第 1 次印刷
169mm×239mm；10. 75 印张；210 千字；163 页
35. 00 元

冶金工业出版社　投稿电话　(010)64027932　投稿信箱　tougao@cnmip. com. cn
冶金工业出版社营销中心　电话　(010)64044283　传真　(010)64027893
冶金书店　地址　北京市东四西大街 46 号(100010)　电话　(010)65289081(兼传真)
冶金工业出版社天猫旗舰店　yjgycbs. tmall. com
（本书如有印装质量问题，本社营销中心负责退换）

前　言

近年来，我国在能源领域研究方面的投入不断增加，能源供需矛盾得到有效缓解，但能源结构性矛盾日益明显，我国石油供不应求的问题更为突出。同时，燃料燃烧对环境的影响越来越大，环保法规要求不断提高燃油质量。基于石油能源紧缺和环保的双重压力，寻求替代能源成为未来经济可持续发展的关键。

甲醇是最具有竞争力的可替代燃料之一。它是一种易燃、易挥发的无色透明液体，具有与目前广泛使用的液体燃料极为相近的燃烧性能。甲醇辛烷值高，抗爆性能好，生产原料非常广泛，产品的运输、储存、分装加注和使用与目前市场上供应的内燃机用汽油和柴油极为相似。自20世纪70年代石油危机以来，我国和美国、日本及欧洲许多国家在这方面做了大量的试验并有应用。本书基于此背景，研究利用甲醇作为替代燃料是否能改善柴油机的燃烧和排放特性；通过试验，分析甲醇柴油的互溶性问题，配制甲醇柴油微乳液的混合燃料，利用热力学分析微乳液的形成机理和影响因素；在柴油机结构不改动的条件下，研究混合燃料分别在稳态工况和加速工况下对柴油机性能的影响；在流体力学、热力学和化学反应动力学的基础上，分析混合燃料的燃烧机理和常规排放物生成机理，并对混合燃料进行数值模拟，通过示功图和燃烧与排放试验进行验证；对柴油机燃用混合燃料后的非常规排放物进行台架试验，分析非常规排放物在燃烧化学反应中生成和消耗过程及其影响因素。

本书是作者在甲醇燃料研究方面多年成果的总结，可供从事柴油机开发和设计的工程技术人员、相关企业和研究所的技术人员阅读，也可供高等院校车辆工程、热能与动力工程等专业本科生、研究生参考。

　　本书在写作过程中得到了中国农业大学纪威教授、中国重汽集团符太军高级工程师、普罗名特流体控制（大连）有限公司张剑锋高级工程师、北京建筑大学杨建伟教授和孙建民教授等的帮助和指点，并得到了北京建筑大学学术著作出版基金的资助，在此表示感谢。

　　由于时间紧迫，加之水平有限，不当之处在所难免，敬请读者谅解，并欢迎对本书提出宝贵意见。

作　者

2015 年 4 月于北京建筑大学

目　　录

第1章

绪　论

1.1　引言

随着世界经济的发展，对石油的需求大量增加。2010年全球石油日消耗量为8740万桶；2014年全球石油日消耗量为9050万桶；各地区经济发展也必将推动能源需求增长。2015年1月加拿大原油日产量达390万桶，创历史最高水平，同比增加20万桶；2015年2月美国原油日产量为926万桶，同比增加120万桶，环比增加8万桶，创1973年以来最高水平。2015年1月欧洲16国炼厂原油日加工量达到1046万桶，为2013年8月以来最高水平，同比大幅增加76万桶。预计，全球石油消耗量至少每年将日增100万桶，到2025年石油日消耗量可能达到1.05亿桶。图1-1所示为全球石油需求增速及石油供给缺口形势图[1]。

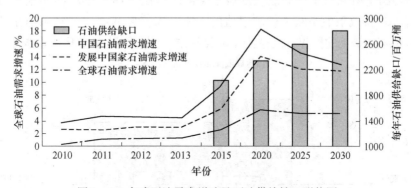

图1-1　全球石油需求增速及石油供给缺口形势图

我国汽车保有量的增加促进了石油的消耗量，带来了原油短缺的问题。2013年年末，我国私人汽车拥有量达到10501.68万辆，首次突破1亿辆，相比于2012年末同比增长了18.8%。国家统计局公布的《2014年国民经济和社会发展统计公报》中的数据显示，2014年年末我国民用汽车保有量达到15447万辆（包括三轮汽车和低速货车972万辆），比上年末增长12.4%，其中私人汽车保有量12584万辆，增长15.5%[2]。原油短缺将导致石油对外依存度提高，成为制约我国经济发展的长期压力。1993年，我国首度成为石油净进口国，但当年的石油进口依存度只有6%，到2006年突破45%，2007年为47%，2008年为49%，2009年首度突破50%，2013年已超过了58%[3]，预计到2020年，我国的石油需求将会达到5亿吨左右，国内原油最大的产量也只能维持在1.8~2.0亿吨，届时我国石油供应对外依存度将超过60%。石油是不可再生能源，石油的储备量在逐步减少，随着我国汽车保有量的不断增长，汽车燃料消耗量占成品油消耗总量的比例还将继续增加，能源短缺的问题已经成为需要迫切解决的问题。寻求新的能源尤其是可再生资源具有重要的战略意义。

石油燃料燃烧后所生成的有害物质已成为最重要的大气污染源。环境保护部《2013年中国机动车污染防治年报》称，机动车污染已成为我国空气污染的重要来源，是造成灰霾、光化学烟雾污染的重要原因。2012年，全国机动车排放污染物4612.1万吨，四项污染物排放总量与2011年基本持平，其中NO_x为640.0万吨、PM为62.2万吨、HC为438.2万吨、CO为3471.7万吨[4]。在我国大中城市空气污染源中，机动车污染占到了20%~30%，其中上海交通（港口）占25.8%，北京达到了31.1%，广州达到了23.14%[5]。因此，控制机动车尾气有害物质的排放十分重要。

根据环保与可持续发展的要求，世界各国均以越来越严格的排放法规来限制传统车用动力的排放污染量，或者以政策导向鼓励发展节能绿色燃料。图1-2所示为各国重型柴油车排放法规发展示意图。该图表明：2008年实施的国Ⅲ标准，其NO_x排放限值是欧Ⅰ标准限值的1/4，PM（颗粒物）排放限值是欧Ⅰ标准的1/8；2010年的国Ⅳ标准达到了欧Ⅳ标准，而美国基本接近于零排放。

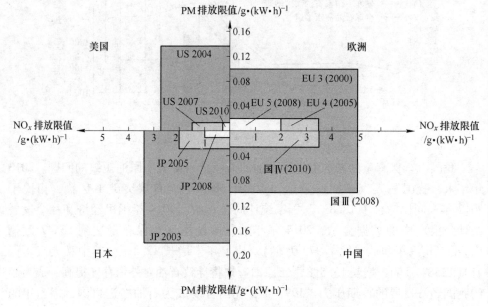

图1-2　各国重型柴油车排放法规的发展

CO₂ 排放由于与燃料经济性密切相关也受到了世界各国的关注。美国 PNGV 计划中提出的中级轿车每百公里耗油量为 3L 的目标已成为各大汽车公司概念车和新型车的设计出发点。欧盟委员会也提出了有关 CO₂ 排放控制的指标，要求各生产厂家按销售量加权的汽车，其 2014 年 CO₂ 平均排放量降低至 123.4 g/km，2021 年的汽车 CO₂ 排放量目标是 95 g/km[6]。

面临车用燃料日益短缺以及改善排放包括 CO₂ 排放控制等问题，科研人员不断研究各种技术措施来缓解和改善现状。例如，对内燃机进行技术改进，采用良好的进气系统、多点喷射技术，提高燃油喷射压力等来改善燃烧过程；采用电控技术来精确控制怠速、部分负荷和过渡工况的喷油量；采用 EGR 技术等净化措施来改善尾气排放等。单纯依靠改进内燃机燃烧系统还不能同时解决能源短缺和环境污染控制两个问题，采用替代能源是一种有效的技术措施。国内外研究使用的清洁替代燃料主要有压缩天然气（CNG）、液化石油气（LPG）、二甲醚（DME）、碳酸二甲酯（DMC）、醇燃料、生物柴油及氢。

1.1.1 替代燃料的发展现状与趋势

车用燃料及其来源如图 1-3 所示。图中的左侧是传统内燃机——汽油机和柴油机，燃料主要来源于石油。中间部分是应用和发展的多元化燃料，主要是含氧燃料内燃机和非含氧燃气内燃机，其燃料既可以从煤和天然气中制取，也可以从生物质能中获得。从中长期来看，应开发和应用生物质能及生物燃料。右侧部分是远期着重开发试验的氢燃料，即燃料电池和混合动力系统。以当前的技术水平将传统内燃机改进，可以减少 50% 的能源与环境成本。燃料电池和混合动力系统虽然可以降低更多的能源与环境成本，但还不能弥补制造车辆所花费的成本[7]。当然，从排放的角度来看，H₂ 是最理想的气体，但是 H₂ 的来源、储存以及汽车本身的重量、成本等问题在短时间内不容易解决。据估计，在美国若要应用 H₂，其基础设施的投资将高达 4800 亿～5600 亿美元[8]。Carlo. N. Hamelinck

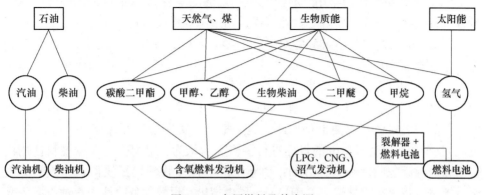

图 1-3 车用燃料及其来源

进行综合分析后也指出，就目前来看，甲醇和 Fischer – Tropsch 法合成燃料是最好的动力燃料；从中期来看，乙醇是有发展的燃料；从长期来看，氢是理想的燃料[9]。因此，进行常规的内燃机开发和使用替代燃料依然是目前研究的重点。

1.1.2　甲醇在替代燃料中的地位

替代燃料必须具备两个特点：一是资源广泛。燃料的资源要充足并可在广泛的领域内使用，且不会对子孙后代产生巨大的或者不可弥补的危害。二是具有低的含碳量或者不含碳，有利于保护环境。甲醇含氧，碳氢比为 1/4，能够自供氧完全燃烧，从而减少了 CO 生成的条件，使得 CO 和 HC 排放减少，是最有前景的替代燃料之一[10,11]。

甲醇的原料来源广泛，价格便宜。它可以从煤和木材中制得，也可以用二氧化碳加氢制得，凡是可以得到 CO 和 H_2 的原料都可以合成甲醇，当前甲醇主要从煤中制取。甲醇还可以从许多化工和制药工业的副产品中获得。生物甲醇也可以从可再生物质中制取，属于可再生能源。甲醇的优点还有其制造工艺十分成熟，与柴油、汽油同属于液体燃料，燃用时内燃机改动较少，还可以和液体石油燃料混合燃用。我国能源的基本国情是富煤贫油，煤资源比天然气的资源丰富得多，发展煤基石油替代燃料是实现能源多样化战略转移、保障汽车工业快速发展的重要举措，与其他国家相比，醇类燃料是车用替代能源的重要选择[12]。

醇类燃料还能够降低有害排放物及 CO_2 排放。国际车用燃料发展趋势及我国政策都明确指出，汽车要逐步减少矿物燃料的使用，扩大醇类燃料及生物燃料的用量。多年研究表明，醇类燃料是汽车液体替代燃料的首选[13]。

1.1.3　甲醇在应用中应解除的疑虑

燃料的毒性和环境安全性以及对生态环境的影响一直是甲醇在推广应用中的疑虑[14]，所以甲醇作为车用燃料没有受到足够的重视[15]。最近，国内外已有大量权威科学结论证实，甲醇与汽油一样，均属中等毒性燃料，而且甲醇的综合毒性还要低于石油燃料。汽油和醇对生态的影响若用百分衡量，汽油为 100，乙醇为 50，甲醇为 30。在水中，甲醇及乙醇的生物降解过程要比原油或者汽油迅速得多。对陆地生态环境的影响，甲醇也没有汽油的影响严重[13]。福特汽车公司原负责替代燃料汽车开发的经理 Roberta Nichols 博士认为[16]，虽然甲醇是有毒的，但其他燃料包括汽油也是如此。她又指出，美国国家环保部（EPA）在 20世纪 80 年代对甲醇及甲醛的毒性进行了研究后认为，甲醇作为运输燃料使用没有潜在的健康危险。在火灾方面，由于甲醇的许多物理特征使得它比汽油更安全。加拿大皇家军事学院的 R. H. Vaivads 也指出，甲醇的危险性和汽油没有太大的差别[17]。四川大学对全甲醇燃料汽车尾气的生物学效应进行了研究，结果表明，全甲醇燃料汽车尾气对人体健康可能会有一定影响，但其危害性显著小于汽油燃料汽车尾气。从减少环境污染和可能对人体健康的危害出发，应用全甲醇作为新的取代汽油的汽车燃料，其前景是乐观的[18]。

1.2 甲醇在内燃机中的应用与发展

20 世纪 70 年代世界第二次石油危机后，世界各国相继开展了甲醇燃料在内燃机中的应用研究，取得了一些重要的研究和实用经验。德国、瑞典、新西兰曾先后推广 M15 甲醇汽油。美国于 1987 年也开始推广 M85 汽油[15]。1988 年，在排放要求严格的洛杉矶等地的公交车和校车上使用了甲醇燃料[19]。福特公司和通用公司也于 20 世纪 80 年代中期相继开发了灵活燃料汽车。德国大众汽车公司从 1984 年起对 200 辆燃用 M85 的甲醇燃料汽车进行了试验，之后又对燃用 M100 的甲醇汽车进行了试验[20]。加拿大政府早在 1985 年就投资 800 万美元用于大型甲醇发动机的研制与开发。瑞典沃尔沃公司开发了二次喷射甲醇发动机。印度技术学院和印度石油学院也较早地研究了甲醇燃料。日本汽车研究所从 1980 年开始进行甲醇燃料的实用性开发研究，1983 年又着手研究重型车用甲醇发动机。欧洲化学技术公司建设的一套位于尼日利亚格拉斯的日产 7500t 甲醇的单系列甲醇装置已于 2006 年投产竣工[21]。2014 年山西北达发动机制造有限公司启动年产 10 万台发动机（甲醇）项目[22]。我国的一些研究大部分在汽油机上开展，例如大同汽车制造厂对传统汽油机结构进行重大改革，试制成功了国内第一台全甲醇发动机；山西省交通科学研究院和山西省交通运输管理局通过实地试验指出 M15 满足了汽车的使用要求，具备了推广使用的条件[23]。这些研究和试验均为甲醇燃料的使用和推广奠定了基础，但还主要应用于汽油机上。由于汽油机的压缩比较小，热效率较差，不能充分发挥甲醇辛烷值高的优点，因此，在柴油机上燃用甲醇的研究一直是替代燃料的研究热点之一[24~27]。

目前，甲醇在柴油机中的应用，按照燃烧方式不同主要有双燃料掺混燃烧和纯甲醇燃烧两种形式，如图 1-4 所示。

1.2.1 掺混方式燃烧甲醇柴油燃料

根据甲醇掺混方式的不同，掺混燃用甲醇的方法主要有进气道内预混甲醇、燃烧室内喷射甲醇和组合燃烧法。

1.2.1.1 进气道内预混甲醇

进气道内预混甲醇是指甲醇在进气道内与空气预先混合，进入气缸后再由柴油点燃。根据供醇方式不同，可以分为熏蒸法、化醇器法、双燃料法和甲醇蒸气法。

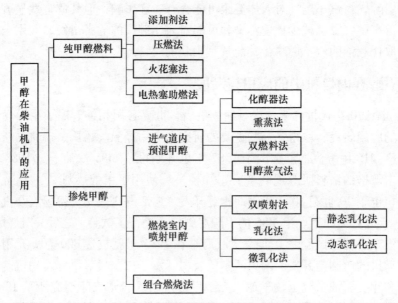

图 1-4 甲醇在柴油机中的应用

熏蒸法和甲醇蒸气法是利用醇燃料表面张力及黏度低的特点，使用排气或循环水余热将醇燃料雾化，并与空气混合后进入气缸。甲醇的蒸发温度、蒸发量对燃料的燃烧状况有着很大的影响，要实现这两个参数的准确控制较为困难[28]。利用这种方法可以实现不大于 M20 的甲醇柴油混合燃料的燃烧，结果表明甲醇燃料有明显降低燃油消耗率和烟度的作用[29]。

化醇器法根据化油器原理来实现供醇，即在进气道处安装化醇器，利用进气时的负压将甲醇吸入进气道内，与空气混合后进入气缸。双燃料法是在进气道内安装喷油器，在进气冲程喷射甲醇，与空气雾化混合后进入气缸。显然，双燃料法不受进气负压的影响，比化醇器法准确且能大比例地供给甲醇。还有许多研究者制作了供醇量控制机构[30]并在台架上进行了预混合甲醇的试验，研究结果表明：在甲醇的吸入量为22% ~56%的范围内，柴油机的工作性能稳定，动力性和经济性均有提高，排气温度下降，排气烟度明显改善，并在常温下具有良好的起动性能[31]；在高比例甲醇柴油双燃料工作模式下，柴油发动机的 HC 和 CO 排放有所升高，但 NO_x 和碳烟排放大幅度下降[32]。进气道口电控喷射甲醇，可以精确控制甲醇喷射量，使燃烧达到最佳状态，其最高爆发压力下降，压力升高率上升，排烟和 NO_x 大幅度下降，但 THC 和 CO 排放均升高[33]，高负荷时发动机有效热效率增加而 CO 排放与柴油基本相当[34]。美国环保局在 Volvo 柴油机上进行试验，结果表明，NO_x 减少约50%，HC 有所减少，CO 基本相当[35]。双燃料法的研究十分活跃，因为它能精确控制甲醇供给量和供给时间，较好实现柴油引燃甲醇均质预混合气，降低有害物质的排放。这种方法由于需要对发动机结构进行改造，因而应用上还具有一定的局限性。

1.2.1.2 燃烧室内喷射甲醇

双喷射法是两个燃料喷射系统向燃烧室喷射燃料，一个喷射甲醇，一个喷射柴油，混合气在缸内混合，同时燃烧。这种系统需要在缸盖上布置两个喷油嘴，这对于小缸径柴油机是十分困难的，而且喷油器安装的位置与角度也会影响混合气的形成和燃烧，会造成碳烟、NO_x、THC 和 CO 都增加[36,37]。

如果能不改动发动机的结构就实现燃烧室内喷射甲醇是最理想的办法，乳化法和微乳化法应运而生。

将醇形成细微液体颗粒，分散于油中，可以形成乳化液。乳化液的制备方法有两种：一是稳态乳化液法，二是动态乳化液法。稳态乳化液法是利用乳化剂使甲醇分散到柴油中，并在适当的条件下保持长期相对稳定的状态[38,39]。动态乳化液法是通过搅拌、超声波等作用使甲醇与柴油充分混合，形成非稳定状态的"油包醇"乳状液。国外进行了乳化液的配制及其在公共汽车、重型车、轻型车等上的应用研究[40~45]，结果表明：在不改动结构的情况下，乳化燃油能同时降低 NO_x 和 PM 的排放[46~48]，且能提高热效率，减少热损失，从而降低油耗[49,50]。另外，柴油机燃用乳化油时，还与柴油机的运转工况[51~58]、燃油喷射系统的参数[59,60]和燃烧室的最佳匹配相关[61]，适当地调整柴油机的结构参数和运转参数，效果将更好。国内很多机构也对乳化燃油进行了深入研究：山东理工大学采用了添加乳化剂并机械搅拌的方法制备了柴油甲醇水乳化液，能使乳化液稳定 35~50 天[62,63]；中国科学院力学所研究了柴油甲醇和水乳化液的流变特性[64]；天津大学对不同配比的柴油甲醇乳化燃料进行了研究，结果表明，D85M7.5W7.5 具有较好的燃烧特性，发动机的动力性、经济性和排放指标都得到了改善，最高有效热效率比燃用纯柴油时提高了 2.82%[65]。另外，形成乳化液的方法也可以通过随车乳化装置在线实现[66~68]。

甲醇柴油在一定的助溶剂作用下，可以互溶形成透明溶液，这就是微乳化法。微乳液燃料比较难于实现，所以其研究发展受到局限而滞后于乳化液。由于微乳液比乳化液稳定性好，混合均匀，能改善燃料雾化与燃烧，随着助溶剂技术的发展，国内外对微乳化的研究也越来越深入[69~76]。微乳液在柴油机上的应用试验表明：随着甲醇添加比例的增加，柴油机的动力性有所下降，柴油机烟度和 CO 的排放量都明显降低，但 HC 和 NO_x 的排放量有所增加[77]。

1.2.1.3 组合燃烧法

组合燃烧理论的核心是在柴油机起动、暖车以及小负荷工作时，发动机靠纯柴油工作，实行扩散燃烧。而在中高负荷工作时，在发动机进气系统中喷入部分甲醇燃料，形成均质混合气进入气缸，由柴油引燃，实行准均质混合气燃烧。这种组合燃烧能利用醇的高汽化潜热和含氧特性，达到同时降低柴油机碳烟和 NO_x 排放的目的，并且可以避免小负荷燃用醇燃料的高醛类排放问题[78,79]。

1.2.2 纯甲醇燃烧方式

甲醇的十六烷值较低，导致其着火性能较差，燃用纯甲醇时，必须首先克服其着火的困难。根据改善着火性能方法的不同，常见的燃用纯甲醇的方法主要可分为添加剂法、压燃法、火花塞法以及电热塞助燃法。

1.2.2.1 添加剂法

在柴油机中使用着火改善剂以及十六烷值改善剂的纯醇燃料，无需对柴油机做大的改动。着火添加剂主要是硝酸盐化合物、戊基烷、异丙烷和硝酸酯等，将它们添加到甲醇中，可以提高甲醇的十六烷值，从而改善其着火性能。但是，着火添加剂价格昂贵，并且用量很大，添加剂还可能产生二次污染以及腐蚀活塞、气缸等问题[80]，因此研究出优良的添加剂成为关键。

1.2.2.2 压燃法

由于甲醇的辛烷值较高，抗爆震性强，因而可以提高发动机的压缩比，使压缩终了温度增加，使甲醇着火燃烧[81]。但是，高压缩比必然要求较高的机械强度，这对发动机的零部件是个考验，对发动机材料也有所要求。另外，提高压缩比后，相对于燃烧室的容积减少，在同等功率下，喷入缸内甲醇的量要比柴油多，燃料混合不易均匀，造成排放恶化。

1.2.2.3 火花塞法

由于甲醇的着火温度及汽化潜热高，普通发动机依靠自燃难以实现着火，需要采用火花塞点火的方式[82]。研究表明，采用火花塞点燃甲醇，发动机在高负荷时的热效率与燃用柴油时相近，而输出功率略有提高，NO_x 降低了60%，但HC 和 CO 在低负荷时略高于柴油机[83]。日本的 Kenji Tsuchiya 和 Toshiyuki Seko 等人将火花塞应用于直喷式发动机[84,85]，研究表明：在许多工况下热效率能达到40%，最大可达到42%，与同排量的直喷式柴油机的水平相当。太原理工大学对 JT468Q 发动机燃用 M100 燃料进行试验，采用火花塞点火，并且压缩比 ε 由 10 提高到 12，其最大功率和最大扭矩分别提高10.75%和12.6%，燃油消耗率降低16%；怠速污染物和排放分别降低66.6%和85%[86]。吉林工业大学（现吉林大学）在 1130 型立式直喷水冷单缸柴油机上进行了燃用99.9%精制工业甲醇的试验，结果表明：采用多火花点火系统可使甲醇小负荷时的有效热效率提高

$30\% \sim 40\%^{[87]}$。

1.2.2.4 电热塞助燃法

电热塞也是醇燃料着火的方法之一，即在缸盖上安装一个电热塞，先将电热塞预热，喷油器把甲醇直接喷到炽热的电热塞表面上，进而使甲醇着火燃烧[88,89]。文献资料表明：电热塞可以燃用纯甲醇 M100，NO_x 排放低于 $0.5\%^{[90,91]}$，对点火位置处混合气浓度要求不如火花塞那样严格[92,93]。但喷到炽热电热塞上的甲醇对电热塞的激冷作用会大幅度降低其使用寿命，低负荷可能会有失火现象发生，造成 HC 和 CO 排放增加[94]。

1.3 甲醇燃料在柴油机应用中存在的不足

甲醇燃料在柴油机应用中存在的不足如下：

（1）如何将甲醇与柴油很好地相溶一直是困扰甲醇柴油掺烧的问题。就目前的技术而言，由于甲醇柴油掺烧比全额燃烧甲醇更有实际应用价值，因此助溶剂技术显得尤为重要。但是目前的乳化技术还不能很好地解决这一问题。

（2）目前对甲醇燃料在涡流室柴油机中应用的研究还很少。随着数学、计算机技术的提高，出现了许多新的研究理论和研究方法，这些新理论、新方法将对涡流室柴油机的发展起到至关重要的作用。比如，涡流室柴油机的工作过程、气流流动、燃料混合、燃烧机理等。

（3）甲醇在柴油机上燃烧的非常规排放问题还没有相关的研究。排气中含有未燃醇、甲醛和甲酸等非常规排放物，特别是甲醛的排放量可达到常规发动机的 5 倍左右，这些物质对人类和环境构成了威胁，很容易带来二次污染。目前对于非常规排放的机理、规律还没有相关的研究。

（4）甲醇燃烧在加速工况下对柴油机性能影响的相关报道也很少。比如，加速工况下的动力性、排放特性与发动机燃料的关系有待研究。

（5）甲醇柴油机喷油特性的研究成果还很少。燃用甲醇柴油机的喷油特性对发动机性能有重要的影响。喷油压力、喷油时刻、喷油量对发动机的动力性、经济性、排放性的影响规律有待研究。

（6）甲醇腐蚀的问题还没有解决。甲醇的含碳量低，对金属有较强的腐蚀性，对塑料和橡胶有溶胀作用，这些会给气门和气门座、喷油泵零件和高压油管、火花塞电极、塑料橡胶件等带来不利影响。

1.4 本书采用的技术路线

我国开展甲醇在柴油机上的应用具有更大的现实意义和更广阔的前景，因为柴油可以广泛用于大型车辆、舰船、发电机、工程机械等。目前在用的柴油机能否适应甲醇燃料，使用甲醇燃料后发动机动力性能、经济性能和排放性能会发生怎样的变化，特别是有无非常规排放物的产生，将是重点研究的内容之一。

本书首先通过试验，研究甲醇柴油的互溶性问题，配制甲醇柴油微乳液，利用热力学分析微乳液的形成机理和影响因素。其次，在柴油机结构不改动的条件下，研究混合燃料分别在稳态工况和加速工况下对柴油机性能的影响。在流体力学、热力学和化学反应动力学的基础上，探究混合燃料的燃烧机理和常规排放物生成机理，对混合燃料进行数值模拟，通过示功图和排放进行试验验证。第三，对柴油机燃用混合燃料后的非常规排放物进行试验研究，分析非常规排放物在燃烧化学反应中的生成和消耗过程及其影响因素。本书采用的技术路线如图 1-5 所示。

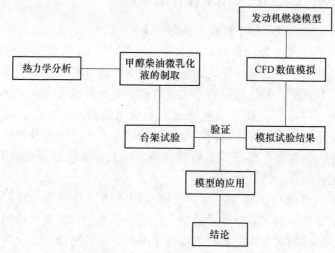

图 1-5 本书采用的技术路线

第2章

甲醇柴油微乳液的制取

柴油与甲醇在理化性质方面有很大的差异。甲醇是有极性的，而柴油是非极性的。甲醇含有 OH 根，易与水无限互溶，亲水性强；而柴油的主要成分是脂肪族的烷烃和烯烃，所以柴油的憎水性强，与醇难以互溶。柴油的密度、黏度及表面张力都比甲醇大，因此柴油和甲醇的掺混相当困难，混合燃料受温度和水分影响较大，少量的水分就会引起混合燃料的分层，这些因素使得甲醇柴油混合燃料的应用变得困难。因此，若在不改变柴油机结构的情况下燃烧甲醇柴油混合燃料，必须解决柴油和甲醇的互溶问题。甲醇和柴油的互溶可以有两种方法：一种是加入乳化剂或采用超声波、机械搅拌等外加能量的方法形成乳化液[95,96]，另一种是加入适量的表面活性剂和助溶剂，形成透明的热力学稳定体系——微乳液。无论何种方式，都要做到将甲醇及柴油粉碎细化、均匀混合，同时要雾化、气化，形成可压燃的均匀混合气。甲醇和柴油的混合也改变了燃料的一些理化特性，会影响燃料在柴油机中的喷射系统及缸内燃料的混合过程，进而影响整个燃烧过程和污染物生成过程，并对柴油机的动力性、经济性、可靠性等带来影响。在不改变柴油机结构的情况下，微乳液是最佳的燃料燃烧方式。

2.1 微乳液概述

1943 年，Hoar 和 Schulman 首次报道了一种新的分散体系：水和油与大量表面活性剂和助表面活性剂（一般为中等链长的醇）混合能自发形成透明或半透明的体系。这种体系既可以是 O/W 型，也可以是 W/O 型。分散相质点为球形但半径非常小，通常在 10～100nm 之间。这种体系是热力学稳定的体系。1959 年，Schulman 等首次将上述体系称为"微乳状液"或"微乳液"（microemulsion）。微乳液就是由两种不互溶液体形成的、热力学稳定的、各向同性的、外观透明的或半透明的分散体系，微观上由表面活性剂界面膜所稳定的一种或两种液体的微滴所构成，其分散相（单体微液滴）直径一般在 10～50nm 的范围内，界面层厚度通常为 2～5 nm。由于分散相尺寸远小于可见光波长，微乳液一般为透明或半透明。图 2 - 1 所示为微乳液的形成过程[97]。

乳化液是一种液体在另一种与之不互溶的液体中的分散相。由于分散相质点

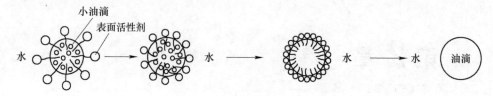

图2-1 微乳液形成过程示意图

较大，乳化液易发生沉降、絮凝、聚结，最终分层，因此乳化液是热力学不稳定体系。在油－水－表面活性剂体系中，当表面活性剂浓度较低时，能形成乳化液；当浓度超过临界胶团浓度时，表面活性剂分子能聚集形成胶团，体系成为胶团溶液；当表面活性剂浓度进一步增大时，即可能形成微乳液。因此，乳化液、胶团溶液和微乳液有着密切的联系。它们都是分散体系，从质点大小来看，微乳液是处于乳化液和胶团溶液之间的一种分散体系，因此微乳液兼有乳化液和胶团溶液的性质。普通乳化液与微乳液和胶团溶液的性质比较见表2-1[98]。

表2-1 普通乳化液与微乳液和胶团溶液的性质比较

性 质	普通乳化液	微乳液	胶团溶液
外观	不透明	透明或近乎透明	一般透明
质点大小	不大于 $0.1\mu m$，一般为多分散体系	$0.01 \sim 0.1\mu m$，一般为单分散体系	一般小于 $0.01\mu m$
质点形状	一般为球形	球形	稀溶液为中球形，浓溶液可呈各种形状
热力学稳定性	不稳定	稳定	稳定，不分层
表面活性剂用量	少，一般无需表面活性剂	多，一般需加表面活性剂	浓度大于临界胶团浓度即可，增油量或水量多时要适当多加
与油、水混溶性	O/W 型与水混溶，W/O 型与油混溶	与油、水在一定范围内可混溶	能增溶油或水直至达到饱和

微乳液除了具有热力学稳定、光学透明、分散相尺寸小等特性外，其结构还具有可变性。微乳液可以连续地从 W/O 型结构向 O/W 型结构转变，所以微乳液除了 W/O 型和 O/W 型外，还有一种处于中间状态的双连续相结构。

对于微乳液的结构，人们普遍认可的是 Winsor 相态模型[99]。根据体系油水比例及其微观结构，可将微乳液分为4种[100]，即正相（O/W）微乳液与过量油共存（Winsor Ⅰ）、反相（W/O）微乳液与过量水共存（Winsor Ⅱ型）、中间态的双连续相微乳液与过量油水共存（Winsor Ⅲ）以及均一单分散的微乳液（Winsor Ⅳ型）。根据连续相和分散相的成分，均一单分散的微乳液又可分为水包油（O/W），即正相微乳液（也就是正相微乳液与过量的水相共存）和油包水（W/O）即反相微乳液（也即反相微乳液与过量油相共存）。图2-2所示为微乳

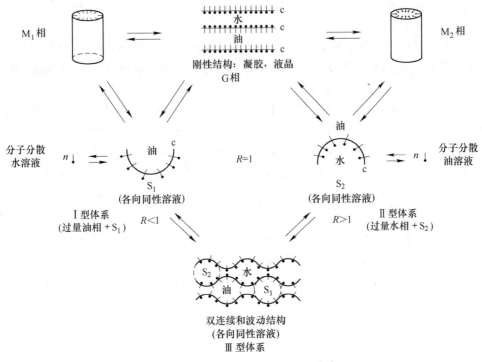

图 2-2 微乳液的相平衡与转化[98]

液的相平衡与转化。

　　微乳液的转相可以有两种机制：一种是在相转变中体系保持各向同性的状态，体系变化性质是渐进的、连续的。采用离子型表面活性剂和短链醇助表面活性剂时通常发生这种转变。另一种是非连续转变，中间经过一系列液晶相，为胶状、黏弹性体系，其流动性差[101]。

　　判断微乳液的结构和性质必须借助于实验技术，用于研究微乳液结构和性质的实验技术已有很多[102~106]，较早采用的有光散射、双折射、电导、沉降、离心沉降以及黏度测量等方法。目前，光散射已从静态发展到动态，还有小角度中子散射和 X 射线散射。沉降法也已发展到超离心沉降。一些新的方法如电子显微镜、冷冻刻蚀法、正电子湮灭、静态和动态荧光探针和 NMR 等也用于微乳液的研究。此外，ESR（电子自旋共振）、超声吸附、电子双折射等技术还用于探测微乳液的动态性质[98]。

2.2　微乳液的形成机理

　　微乳液和普通乳状液有两个根本的不同点：其一，微乳液的形成一般不需要外界提供能量。普通乳状液经过搅拌、超声粉碎、胶体磨处理等才能形成，而微乳液的形成是自发的，不需要外界提供能量；其二，普通乳状液是热力学不稳定体系，在存放过程中会发生聚结而最终分成油水两相，而微乳液是热力学稳定体系，不会发生聚结。

关于微乳液的自发形成，历史上提出了许多理论，如 Schulman 和 Prince 等的负界面张力理论、Schulman 与 Bowcoff 的双层膜理论、Bobbins 等的几何排列理论及 Winsor 等发展的 R 比理论。

微乳液的理论对微乳液的制取和性质研究提供了良好的科学依据，由于微乳液体系的复杂性，这些理论还不能尽善尽美，也只能够部分地解释微乳液的形成和稳定性，也多是定性的。比如负界面张力学说虽然可以解释微乳液的形成和稳定性，但不能说明为什么微乳液会有 O/W 型和 W/O 型，而且负界面张力无法用实验测定，缺乏实验基础。溶解理论虽然能够解释微乳液的自发形成过程，但对于三液互溶还没有确定的溶解理论。

以甲醇柴油为主的多元混合燃料能够形成微乳液。多元混合燃料是指烃类燃料（石油系燃料）、醇类燃料、酯类燃料（植物油燃料）、醚类燃料和水（作为助溶剂）中三种或三种以上的燃料和助溶剂混合而成的燃料。除烃类燃料以外，其他几种燃料以代用燃料的形式出现。

在现阶段，我国能源供应系统还没有建立起代用燃料的供应网络，还没有设计制造出专门燃用代用燃料的发动机，而且在代用燃料价格比石油系燃料昂贵的情况下，内燃机燃用代用燃料还是以部分代用为宜。只是在特殊情况下，才在某些内燃机上短时期内全部燃用非烃类燃料（气体燃料另论）。

既然以烃类燃料为主，部分地燃用代用燃料，那就存在一个如何在一台内燃机上同时供应主燃料和副燃料（代用燃料）的问题。如果主副燃料能够互溶，那就不存在很大的问题（如柴油与植物油）。但往往主副燃料不能互溶，或是只能少量溶解，那就存在一个助溶剂的问题。

为此，应该寻求更经济、简便和实用的方法来实现代用燃料的部分应用。而且，我国是一个大国，各地的资源、气候、经济和交通条件不一样，各地应该有自己的可供选择的、因地制宜的燃用代用燃料的方法。

理论和实践都证明，以甲醇柴油为主的多元混合燃料是解决代用燃料在内燃机中部分应用的有效方法之一。它既解决了主副燃料之间的互溶问题，又不要求添加其他任何的添加剂（助溶剂、乳化剂、十六烷值增值剂等），同时实现了内燃机燃用含氧燃料的目标，并解决了燃料中掺水燃烧的问题。这样，既节约了资源有限的石油系燃料，又改善了燃烧过程，降低了排气污染。它既可以石油系燃料为主燃料，以醇类或酯类燃料为副燃料；也可以醇类或酯类燃料为主燃料，而以石油系燃料为副燃料（如作为引燃燃料）。它还可以将各种工业副产品——含水的甲醇、乙醇、各种杂醇（几种低碳醇与中碳醇的混杂物）、杂酯（甲酯、乙酯等）、杂醚（如二甘醇二甲醚）等作为主燃料或副燃料。

所以，因时、因地制宜地推广应用多元混合代用燃料，可以大大扩展内燃机燃料的多源性，部分弥补石油资源分布的不均匀性，为应急、应战、抗灾、救险等提供能就地取材的多种能源，为山区、边远地区和海岛等缺乏正常石油供应网络的地区提供可供选择的内燃机代用燃料。

2.2.1 物质互溶的理论基础

物质的溶解性与分子间作用力有关，分子间作用力相似的物质易于互相溶解；反之，则难于互相溶解。例如：

（1）分子间极性相似的物质易于互相溶解（相似相溶）。I_2 易溶于 CCl_4、苯等非极性溶剂而难溶于水，这是由于 I_2 为非极性分子，与苯、CCl_4 等非极性溶剂有着相似的分子间力（色散力），而水为非极性分子，分子间除了色散力外，还有取向力、诱导力以及氢键。要使非极性分子能溶于水中，必须克服水分子间力和氢键，这就比较困难。

（2）彼此能形成氢键的物质能够互相溶解。乙醇、羧酸等有机物都易溶于水，因为它们与水分子之间能形成氢键，使分子间互相缔合而溶解。

两种或两种以上的物质互相溶解的过程是一种物理过程或化学过程，或二者兼而有之。其物理过程如溶质在溶剂中的扩散过程，是溶质分子分散填入溶剂分子之间的空穴中。这种物理过程多发生在非极性物质之间的溶解。发生这种过程的条件是溶剂分子之间的吸引力小于溶质分子与溶剂分子之间的吸引力。所以溶质一进入溶剂中，其分子就分散而被分别吸引在溶剂分子的周围。物理过程的溶解一般不发生热量、体积和颜色的变化。

化学过程的溶解常发生在溶质和溶剂均为极性分子时。这时，不管是否形成氢键，其两种异性端总是互相吸引的。极性分子首先吸引别的极性分子；而非极性分子优先吸引非极性分子。这就是相似相溶原理。溶解的化学过程常伴有热量、体积和颜色的变化。例如乙醇与水混溶，其总体积缩小。白色的无水硫酸铜溶于水后，其溶液的颜色变成蓝色。氢氧化钾溶解于水后，会放出大量的热而使溶液温度升高。

许多物质之间的互溶，往往是物理过程和化学过程综合作用的结果。

物质分子或原子之间存在着互相吸引作用。化学键是表示吸引作用的方法之一。但是，物质分子内原子间的化学键并不能概括原子间所有相互作用力。如果原子物质的原子间不能形成化学键，那么仍存在着另一种互相作用力，这种非化学键的相互作用力称为分子间力。1873 年范德华（Van der Wads）最早注意并假设这个力的存在，所以分子间力又称为范德华力。分子间力对物质的溶解度、表面张力、黏度、沸点、熔点、凝点、汽化热、溶化热、升华热等一系列的物质特性有着决定性的影响。内燃机各种燃料和代用燃料之间是否能互溶和互溶能力的大小以及许用含水量等，都是由这些物质之间的分子间力的大小所决定的。

分子间力包括取向力、诱导力和色散力。色散力是龙敦（F. London）在1930年确定的，它包括了非极性分子间和单原子分子间的相互作用力。

许多物质分子兼有极性和非极性两部分，分别在分子两端。当这些物质分子与水接近时，其极性一端会迅速与极性分子的水吸引在一起；而其非极性一端，会自动互相聚集在一起。这非极性的一端，与水分子之间的吸引力小，常称为疏水性基团或亲油性基团；与水分子之间吸引力大的一端，常称为亲水性基团。在非极性溶剂中，情况相反，其疏水性基团（亲油端）朝向非极性溶剂，并与之作用；而其亲水端，则被向非极性溶剂，自成一团。图2-3所示为一种具有亲水端和疏水端的物质在极性溶剂水和非极性溶剂戊烷中的作用情况[35]。由该图可知，在极性溶剂中，其亲水端与 H_2O 互相吸引在一起，其疏水端互相吸引在一起；在戊烷中，则情况相反（在这里，戊烷可以代表石油系燃料）。

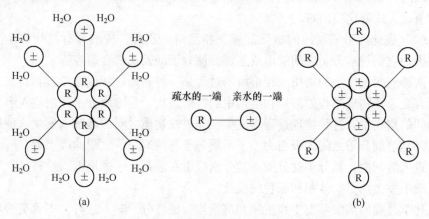

图2-3 物质分子亲水端和疏水端在水和戊烷中的作用情况
（a）在水中的作用情况；（b）在戊烷中的作用情况

水与甲醇（乙醇和丙醇等同此）两种极性分子之间连接的互相作用示意图如图2-4所示。水与甲醇各自单独存在时，由于均含有羟基（—OH），一个分子羟基中的 H 与另一个分子羟基中的 O 以氢键（图中以虚线表示）相连接。当甲醇与水接近时，水中的一个 H 与醇中的 O 以氢键相结合，如图2-4（c）所示；而水中的 O 又与醇中羟基的 H 以氢键相结合。这就是低碳醇与水在任何温度和比例下都能混溶的根本原因。

氢键是含氢物质分子中氢原子所引起的一种特殊作用力。在一个与电负性极强的原子相结合的氢原子和另一个电负性极强且原子半径很小的原子之间可能形成氢键。常见的氢键如下：

O—H···O, O—H···N, N—H···N, F—H···F

凡两种或两种以上液态分子之间能以氢键缔合起来，并组成缔合分子的，它

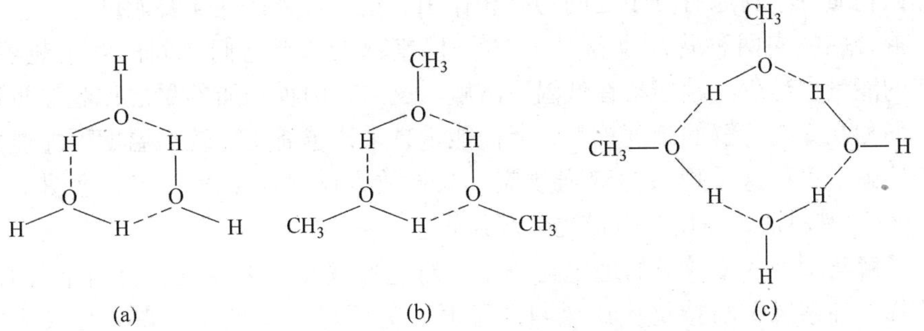

图2-4 水、甲醇及其相互以氢键连接示意图
(a) 水氢键；(b) 甲醇氢键；(c) 水与甲醇氢键互溶

们之间必能互溶。这一点在选择多液互溶混合燃料时是必须注意的。

能够形成氢键的含氢物质相当多，如醇类（R—OH）、水（H—O—H）、胺（R—CH₂）、羧酸（R—COOH）、水合物、胺合物以及一些无机酸等。

一种物质进入溶剂后，它的分子之间吸引力小于它的分子与溶剂分子之间的吸引力，从而使这种溶质的分子分散被吸引在溶剂分子的周围，这两种物质就能互溶。反之，如果溶质自身分子之间吸引力大于它与溶剂分子之间的吸引力，这两种物质就难以互溶。

两种物质能否互溶，除与物质能否形成氢键以及分子间的吸引力大小有关外，还与它们的密度大小有关。一般来说，两种物质的密度相仿，则比较容易互溶；密度相差较大，则难以互溶。所以，甲醇和乙醇与汽油之间较易互溶，而与重柴油之间较难互溶。

值得注意的是，许多物质是极性分子与非极性分子的化合物，它们有极性端和非极性端两部分。这类物质随着其分子中碳原子个数的增减，其极性端和非极性端在整个分子中所占的份额也相应改变。相应地，其亲水端和疏水端（亲油端）在整个分子中所占的份额也相应改变。当物质中的亲水端在整个分子中的份额较大时，则该物质易于与水混溶；反之，当疏水端在整个分子中所占份额较大时，它易于与油混溶。所以就溶解度角度来看，不仅要看物质中是否含有—OH和—NH₂等基团（它们都能形成氢键），也要注意到这些极性端在整个分子中所占的比例。如果—OH和—NH₂等所占比例太小，则即使有—OH和—NH₂基团，它们也难溶甚至不溶于水，例如十一碳醇以上的醇类就不能溶于水。

温度对溶解度的影响，从本质上讲，是对物质分子运动的影响，温度增加，分子运动加剧，这就比较容易克服原有分子间的相互作用力。克服分子间作用力需要一定的能量，增加温度提供了这种能量，从而为分子之间相互作用创造了条件。

两种物质互溶的过程就是拆散原有分子之间的互相作用（吸引力），重新组合加入物质分子与原有分子之间的互相作用。这一过程往往需要能量。

混合燃料中两种物质（液体）的量相差越大，则它们之间的互溶越容易，所需的能量也越少，越容易在低温下溶解。反之，两种物质的量之比越接近1∶1，则它们相互完全溶解的难度越大，所需能量越多，越需要在较高温度下才能完全互相溶解，可称这种现象为双强效应。双强效应反映在温度－溶解度图上为倒"U"形，燃料油的需用含水量也有双强效应。

了解与掌握双强效应的理论与实践，对选择双元与多元混合燃料十分有益。在选择石油系燃料与掺烧代用燃料匹配时，需要尽力避免会出现双强效应的配比。如果想提高代用燃料所占比例，则可采用第三种燃料或第四种燃料再混合来避免双元混合燃料中会出现双强效应的配比。

值得注意的是，在两元混合中出现双强效应的配比，不一定正好为1∶1，视两种物质的特性不同而不同。

物质分子结构不同，使其拆散和重组所需的能量（温度）也不同。物质分子越小，则极性越大（如果有极性的话）；反之，分子越大，分子链越长，则分子的极性越小，分子间的结合紧密度越大，从而分子本身的结合力越强，越难以与其他分子重新组合。

2.2.2 多液互溶的理论基础

图 2－5 所示为石油系燃料（汽油、柴油、重油）、芳烃、植物油、醚类、醇类（低碳醇、中碳醇）和水六类物质两两互溶的情况。在图中，凡两类物质之间连实线的表示能互溶，连虚线的表示能部分溶解或微溶，不连线的表示不能互溶。

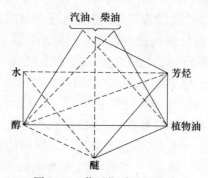

图 2－5 若干物质的相溶性

若干物质的组成与特性比较可见表 2－2。可以看出：

（1）所有这些物质均含有 H，除水以外均含 C；除石油系燃料和芳烃（含氧的衍生物除外）以外均含 O。

（2）除水外，均含烷基 R—，这也是所有燃料和代用燃料的共同点。

（3）植物油燃料与醚类、酯类燃料的另一重要共同点是都含有烷氧基一块，所以它们能互溶。

（4）酸、中碳醇、低碳醇与水之间都能产生氢键，所以能互溶。但中碳醇中含碳原子数较多，与水的溶解能力较差。

（5）在代用燃料中，芳烃与石油系燃料、植物油、酯类、醚类燃料均可互溶，与水可以部分互溶。

（6）各种植物油、酯类能与石油系燃料、芳烃、醚类、醇类相溶，只有酯类与甲醇是个例外。植物油与汽油之间由于密度相差较大，在一定程度上影响了它们之间的相溶性。

（7）醚类与植物油、芳烃的相溶性较好，与石油系燃料、醇类及水有一定的相溶性。

（8）低碳醇与水能互溶，与汽油、植物油、酯类也有足够的溶解度（对于作为汽油的高辛烷值调和组分及部分代用燃料来说），但甲醇与甲酯难溶。低碳醇与醚类、芳烃也有一定的溶解性。

（9）水除与石油系燃料和植物油、酯类不相溶外，与醇类可以任意混溶，与芳烃和醚类也有部分溶解。

表 2 - 2　若干物质的组成与特性比较

组成与特性	汽油	柴油	芳烃	植物油	醚	酯	酸	中碳醇	低碳醇	水
碳	√	√	√	√	√	√	√	√	√	—
氢	√	√	√	√	√	√	√	√	√	√
氧	√	—	—	√	√	√	√	√	√	√
R	√	√	√	√	√	√	√	√	√	√
—OH	—	—	—	少数有	—	—	√	√	√	—
—OR	—	—	—	√	√	√	—	—	—	—
氢键	—	—	—	少数有	—	—	√	√	√	√
亲水性	—	—	微	—	弱	弱	低级酸强	弱	弱	√
亲油性	√	√	√	√	√	√	高级酸强	强	弱	—

从表 2 - 2 中这九个方面的条件和情况来说，内燃机的代用燃料将以部分代替石油系燃料为主要形式。这部分代用燃料可称为掺烧燃料。掺烧燃料的掺烧率可表达为：

$$掺烧率\, \xi_a = \frac{掺烧量}{掺烧量 + 主燃料量}$$

主燃料一般为石油系燃料。这就存在一个如何把主燃料与掺烧燃料（副燃料）共同加入气缸内燃烧的问题。这种共同供给燃料的方法有多种，但是，若能把掺烧燃料溶入主燃料之中，并与主燃料一体供入气缸，是最简单、最方便、最经济的方法。

但是，当主燃料与掺烧燃料不相溶，或只是微溶，或存在双强效应时，就要运用多元互溶，可以考虑引入第三液甚至第四液，制成多元混合燃料。这第三液甚至第四液是代用燃料，同时与主、副燃料都能互溶。

图2-3所示为根据相似相溶原理提供的一个石油系燃料与常用燃料及水的六元互溶关系图。凡是两种物质都含氢键的，它们之间能以氢键结合而互溶；凡都含—OH或—OR基的物质，它们也能互溶。例如低碳醇能与汽油互溶，而前者又能与蓖麻油互溶（蓖麻油也含—OH基），从而可以利用汽油－低碳醇＋蓖麻油＋其他植物油（四液）按一定比例配成的四元混合燃料。水虽然不是燃料，但是它含有氧物质，运用得好，是很好的助燃剂和溶剂，所以图2-5中水也作为一元列入。

许多工业副产品，如含水或不纯的工业甲醇、乙醇、杂醇、甲醛酯、杂苯、杂醚以及各种植物油（特别是非粮食用油）等都可以作为内燃机的代用燃料，也可以作为第三液或第四液。

植物油等油脂中含有酯官能团 $R—C^+—OR^-$，亦称酯基。酯基是带有极性的，其中 C^+ 呈阳性，O^- 呈阴性。酯基的这一特性，从本质上决定了植物油是烃类燃料和醇类燃料之间良好的助溶和代用燃料。酯的极性一端（有 O^- 的一端）能与醇类羟基 H^+ 结合，而其非极性一端（R），可以与烃类（非极性）结合。所以，植物油既可以与烃类互溶，也可以与醇类互溶。

脂肪酸甲酯也就是生物柴油，由植物油等油脂原料与甲醇发生酯化反应而制得，它保留了植物油的特性，同样含有酯官能团，并且酯化反应时油脂分子链拆开，使得生物柴油的分子式缩短，密度减小，因此，从理论上说，生物柴油与柴油和醇类溶解性比植物油还要好。

当烃类燃料中掺烧一定的醇类和酯类（或者植物油）燃料后，它们可以组成互溶的三液混合燃料而不引起分层，并长时间保持稳定状态。研究表明，汽油与醇类互溶较柴油与醇类互溶容易一些，因此，一般考虑在汽油机上掺烧多元混合燃料时，掺烧燃料采用醇类较多、酯类或者植物油较少的配比，而在柴油为主燃料的多元混合燃料中，采用添加植物油或者酯类较多，而添加醇类较少的方式。笔者的实验表明，生物柴油（甲酯）－乙醇－柴油三元混合燃料中，在无水乙醇较多，而生物柴油较少的情况下，所配制的混合燃料也可以保持长时间稳定而不分层，但是在乙醇中含水量较多的情况下，就需要加入较多的生物柴油才能形成互溶混合液。

对于三液或多液互溶还没有确定的溶解理论，如异丁醇是柴油和甲醇最好的助溶剂，当异丁醇和甲醇的体积比大于 1 时，它们的溶液能够与柴油以任意比互溶。不仅异丁醇，异戊醇等中碳醇都有这一作用。可以这样解释：中碳醇的碳链与烷烃相似，因此能够与柴油互溶；而中碳醇的羟基又能很好地与甲醇的羟基以氢键相互作用，也能互溶，这样，通过中碳醇的作用，甲醇、乙醇等低碳醇能够与长链的柴油、汽油互溶。

2.2.3 表面活性剂理论

凡是一种物质以低浓度存在于一个体系中，能吸附在两相界面上，并且能够显著地降低界面自由能（或表面自由能）和表面张力，这种物质就称为表面活性剂。界面是指两种不能互相混合的物相之间的分界面。例如，在每升水中加入0.01g 肥皂，可使水的表面张力大约由 73mN/m 降低至 32mN/m，肥皂就是一种表面活性剂。

表面自由能是在指定条件下，增加一个单位表面积时体系所增加的能量，单位是 erg/cm^2。表面张力表示表面自动缩小趋势的大小，单位是 mN/m，即沿着表面单位长度所使之力。表面自由能和表面张力在数值上是相等的。当溶质溶于溶剂中时，将改变溶液的表面张力，如表面张力降低，则溶液表层中的溶质浓度要比溶液内部的浓度要大；反之，如表面张力升高，则表面层中溶质浓度要比内部浓度低。这种表面浓度与溶液内部浓度不同的现象叫吸附。在一定温度的情况下，吸附与溶液的表面张力及溶液浓度的关系可以用下面的吉布斯（Gibbs）公式表示：

$$\Gamma_2 = -\frac{c}{RT}\left(\frac{\partial \gamma}{\partial c}\right)_T \qquad (2-1)$$

式中，Γ_2 为溶质的表面过剩，mol/m^2；c 为溶液的浓度；γ 为溶液的表面张力，N/m；T 为溶液的温度，K。

对不存在其他电解质时的离子型表面活性剂溶液，式（2-1）右方应乘上因子0.5。

Γ_2 为溶质的表面过剩，就是溶液表面浓度与内部浓度之差，也称为溶质的表面吸附。从式（2-1）可以看出曲线的斜率 $\left(\frac{\partial \gamma}{\partial c}\right)_T$ 若是负的，Γ_2 是正的，即溶质在表面层的浓度比内部的浓度要大。若斜率是正的，则 Γ_2 是负的，即表面的浓度比内部的小。当温度一定时，随着表面浓度的增大及表面张力的降低，表面吸附现象更加明显。若一种溶质能降低溶剂的表面张力，则为正吸附；反之则为负吸附。

根据表面活性剂的表面张力及溶液浓度关系曲线，应用式（2-1）可以计算出表面层上表面活性剂的饱和吸附量，从而可以计算出吸附分子在表面所占的面积 S。例如，各种醇的 S 为 $(27.4 \sim 28.9) \times 10^{-20} m^2$，RCOOH 的 S 为

$(30.2 \sim 31.0) \times 10^{-20} m^2$。从计算结果可以看出，尽管被测物的链长不一样，但每个分子所占的表面积基本一样，这就说明吸附分子肯定是定向排列的。

表面活性剂是包含亲水基和亲油基的两亲分子，如图2-6（a）所示。其圆头部分为亲水基，尾部为亲油基。当它溶解于水时，通常亲水基朝向水中，亲油基则远离水，如图2-6（b）所示[16]。

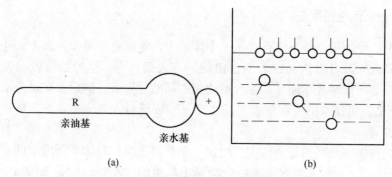

图2-6　饱和吸附层中分子定向排列图

水分子之间由于偶极性而有较强的吸引力，这种吸引力随着分子间距离 R 的增大而显著下降。表面活性剂的一个烃链分子能将水分子隔开 5×10^{-10} m 的距离。如果烃链形成聚集体（胶束）溶入水中，将水分子隔开比 5×10^{-10} m 大好几倍的距离，比仅隔开 5×10^{-10} m 所需要的能量要小得多，因此，当表面活性剂达到一定浓度（临界胶束浓度）后形成胶束时，能显著降低表面张力。

表面活性剂溶液的性质与胶束和临界胶束浓度有着本质联系。MacBain 认为可以用分子缔合来解释胶束和临界胶束浓度（critical micelle concentration，CMC）。能够产生正吸附的表面活性剂，随着其在溶液中浓度的增大，在水溶液表面吸附层饱和后，表面活性剂分子只能通过缔合成胶束才能在溶液中稳定存在。这时疏水的碳氢链基团相互靠拢，并指向内部，而亲水基团则位于胶束的表面并指向水介质。这种由许多分子和离子缔合而成的胶态聚合物，称为胶束。溶液形成胶束后，其性质发生突变。因此，定义开始形成胶束的浓度为临界胶束浓度。在此胶束化作用的过程中缔合而成的胶束，其大小正好在胶体分散的范围内，故又称为缔合胶体。它是与溶液中的分子或离子处于热力学平衡的稳定系统。

关于界面吸附有一个重要的参数，它是界面吸附层的本征曲率。吸附了表面活性剂的液液界面可以看做由亲水层和亲油层组成。亲油层由表面活性剂的亲油基和油相分子组成，亲水层由表面活性剂的亲水基和水分子组成。亲油基间有色散力相互作用，使得在一定范围内体系的能量随分子间距离的减小而降低。另一方面，亲水基对水有强烈的亲和力，力图和较多的水发生水合作用而使体系的能量降低。分子间距离减小时，对亲水基而言，将发生水合的逆过程，并使体系的能量上升。这两方面作用的总结果是在亲水基间距离为某一定值时，体系的能量最低。这就说明表面活性剂自发形成聚集体时，亲水基倾向于占有与此距离相应的面积 a_0，假设表面活性剂在水相界面上单层平铺时亲油基具有面积 a_c，根据 a_0 和 a_c 的相对大小，液液界面将具有不同的曲率，这就是界面吸附层的本征曲率。如果 $a_c > a_0$，则界面弯向水相，形成油包水型乳化液；反之，若 $a_0 > a_c$，则界面弯向油相，形成水包油型乳化液。这就是表面活性剂的性质决定乳化液类型的基本原理。

表面活性剂 a_0 和 a_c 的大小还受很多因素的影响。对于非离子型表面活性剂，影响 a_0 的因素有：（1）随着亲水基变大，a_0 变大；（2）降低温度会加强亲水基的水合程度，使 a_0 变大。使 a_c 变大的因素有：（1）增长亲油基碳链数；（2）引进分枝或不饱和结构。

关于胶束的形状及形成机理有较多的解释，主要由球状胶束和层状胶束两种解释。在达到临界浓度之后，溶液中形成球状胶束，链烷烃无秩序地分布在球的内部，离子头位于胶束的表面上，其外围则有相反的离子。当溶液中表面活性剂的浓度继续增加时，则形成与离子胶束不同的中性胶束，称为层状胶束。它由两层表面活性剂分子和水层交替排列而成，烃链彼此平行排列，其厚度等于两个充分展开的烃链（尾对尾）的长度。主张在溶液中存在层状胶束的论者认为，当浓度高于临界浓度时，离子胶束与层状胶束同时存在于溶液中。

表面活性剂可分为以下几种：

（1）阴离子型表面活性剂，如肥皂、高级醇、磷酸酯盐、三乙醇胺。

（2）阳离子型表面活性剂，如高级脂肪胺盐、季铵盐。

（3）两性表面活性剂，如蛋黄里的卵磷脂。

（4）非离子型表面活性剂，如司班、吐温、单油酸酯。

表面活性剂是高分子化合物，其亲油部分一般都是长链烷烃基，各种不同的表面活性剂的主要区别在于亲水基，表面活性剂的分类也是根据亲水基的不同来区别的。

表面活性剂的增溶作用机理与异丙醇对甲醇在柴油中助溶作用的机理不同。异丙醇分子结构中碳链很短，不足以形成胶束，所以异丙醇溶于柴油后，并未形成胶束。异丙醇对甲醇在柴油中的助溶是通过分子间的范德华作用力和氢键来起作用的。甲醇在异丙醇的作用下溶于柴油中形成三元体系的溶液，其外观透明，是热力学上的稳定系统。表面活性剂助溶作用的机理是表面活性剂溶于柴油后在柴油中形成了胶束，甲醇分子吸附在胶束中，形成的这种三元体系尽管在外观上也是透明的，但是，这种体系是非常复杂的微乳液，微乳液也是热力学上的稳定系统。

不过虽然表面活性剂和异丙醇对甲醇的助溶作用机理不同，最后形成的微观结构也不同，但是这两者最终形成的都是热力学上的稳定系统，而且外观均透明，所以仍可以用同样的方式来比较其宏观方面的性能，比如助溶能力的比较等。

2.3 微乳液形成热力学

尽管微乳液的形成机理不同，最后形成的微观结构也不尽相同，但是它们均是热力学稳定系统，因此许多研究者试图从热力学自由能变化的角度来解释微乳液的形成[107~110]。例如，从经典的化学热力学原理出发，根据三元正规溶液发展的相平衡理论来解释微乳液增溶的原理[111]；利用油酸/氨水 – 燃油 – 醇 – 水微乳液体系，分析微乳液形成过程中热力学函数的变化和影响因素[112]。由于微乳液体系的复杂性，这些热力学模型的结果具有局限性[98]，但也得到了很有价值的结论。

2.3.1 微乳液的热力学稳定性[113~116]

一般认为生成微乳液的吉布斯自由能 ΔG_m (R) 可分解为三项：

$$\Delta G_m(R) = \Delta G_1 + \Delta G_2 + \Delta G_3 \qquad (2-2)$$

式中，ΔG_1 为界面自由能，kJ/mol；ΔG_2 为液滴之间的相互作用能，kJ/mol；ΔG_3 为微乳液液滴在连续相中分散熵的贡献，kJ/mol。

由图 2 – 7 可知，分散熵对微乳液热力学稳定性的贡献是突出的。由式（2 – 2）可得到在确定分散相的体积分数下，具有最稳定液滴尺寸（R^*）的微乳液自发生成的条件为：

$$\frac{\partial \Delta G_m}{\partial R} = 0 \qquad (2-3a)$$

$$\frac{\partial^2 \Delta G_m}{\partial R^2} = 0 \qquad (2-3b)$$

式（2 – 3a）和式（2 – 3b）表明，为得到稳定的微乳液，$\Delta G_m(R)$ 应为负的并且是最小的值 $\Delta G_m(R)_{min}$，如图 2 – 8 中曲线 A 所示，曲线 B 表示动力学稳定的普通乳化液。显然，普通乳化液具有一个较高的能量极大值。曲线 C 表示不稳定体系。图 2 – 9 所示为界面张力对微乳液生成的影响，当界面张力 $\gamma <$ 0.02mN/m 时生成稳定的微乳液。对具有低界面张力的热力学稳定分散体系的生成，可使用以下不等式作为判据：

$$\frac{-\,\mathrm{dln}\gamma}{\mathrm{dln}R} \geqslant 2 \qquad (2-4)$$

式中，γ 为界面张力，N/m；R 为液滴半径，μm。

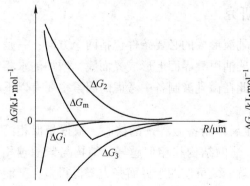

图 2-7 ΔG_1、ΔG_2 和 ΔG_3 对 ΔG_m 的贡献   图 2-8 ΔG_m 随液滴直径 R 变化示意图

2.3.2 微乳液的动力学稳定性

式（2-2）中两液滴之间的相互作用能 ΔG_2 可进一步分解为以下三项：

（1）两液滴接近时，界面膜上的结合水被表面活性剂、助表面活性剂所取代，产生膜的相互渗透，亦称渗透效应。

（2）W/O 型微乳液，两液滴水核之间的范德华力相互作用能通过两液滴间的介质表现出来。对 O/W 型微乳液，由于表面活性剂的极性基团朝外，液滴之间存在着强烈的静电排斥作用能。

（3）界面膜相互渗透时产生的熵变化。

图 2-10 所示为 ΔG_2 随两液滴之间距离 d 的变化曲线。显然，当两液滴接近时，ΔG_2 上升直至最大值 ΔG_B；越过最大值，两液滴聚结成一体，ΔG_2 迅速下降。ΔG_B 为液滴聚沉的能垒，微乳液体系中具有能量 $\Delta G_2 > \Delta G_B$ 的液滴数目遵守 Boltimam 定律。由图 2-10 还可看出，液滴聚沉形成新液滴后，尺寸增加新液滴之间的相互作用能垒 ΔG_B 降低，使得聚沉更易进行。

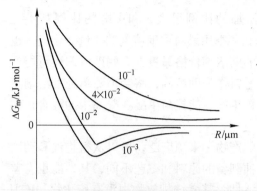

图 2-9 界面张力对微乳液生成的影响

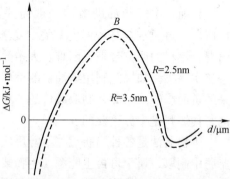

图 2-10 相互作用自由能随两液滴
之间距离的变化曲线

2.4 制取甲醇柴油微乳液的试验研究

根据微乳液形成机理，柴油甲醇微乳液形成的必要条件包括两个方面：一是降低柴油甲醇界面的表面张力；二是在柴油甲醇界面上形成界面膜，增加油水相互加溶量，即膨胀油水界面双液层。因此在微乳液制备中考虑的因素主要有以下几个[117]：

（1）表面活性剂的种类。表面活性剂是制备微乳剂的核心。根据相似相溶原理，表面活性剂中憎水基团的结构和油的结构越相似越好。结构与柴油越相似，界面上的吸附作用也就越强，这样就能既可使油水界面张力降低得多，又能使界面膜的强度大，稳定性好。

（2）助表面活性剂的种类。负表面张力原理学说较为完美地解释了这类助表面活性剂在微乳剂中所起的作用。助表面活性剂本身并没有任何乳化能力，它的加入却可以成倍或数十倍地提升表面活性剂的活性，有效地促进微乳液的形成。助表面活性剂多为中链两亲性物质，常使用的品种有乙醇、乙二醇、异丙醇、仲戊醇以及弱有机酸、酮、胺、酯等。助表面活性剂是微乳液形成一个不可缺少的组分，它除了能降低界面张力外，还能增强界面膜的流动性，使界面膜的弯曲更加容易，有利于微乳液的形成[118]。

（3）温度的影响。对由非离子表面活性剂形成稳定的甲醇柴油微乳液，当温度升高时，表面活性剂组分在醇中的溶解度减少，在柴油中的溶解度将会提高，这样根据表面活性剂组分在醇和油的溶解度不同，界面双液层中醇层的厚度增加，油层的厚度减小，界面双液层发生偏油区膨胀，即甲醇不断被加溶到柴油中，最后形成微乳液。因此，表面活性剂为非离子表面活性剂时，高温有利于形成甲醇柴油微乳液。

2.4.1 助溶剂的选择与匹配

目前，甲醇柴油助溶剂一般需要添加的比例很大，和甲醇的比例基本是1:1[119]，并且还与环境温度有关，夏季和冬季用燃料中助溶剂的含量变化大，也给混合燃料的调整带来了困难。大多数的助溶剂价格昂贵，有些助溶剂还可能产生二次污染。如果能利用柴油机的替代燃料作为助溶剂，将会消除单纯助溶剂带来的负面影响。因此，制取廉价的、可再生的、能提高甲醇在柴油中的混合比例的替代燃料是十分重要的。

生物柴油是各种脂肪酸与甲醇反应的产物，来源广泛，可以从植物油和动物脂肪中制取，属于可再生能源。生物柴油制备的原料和工艺不同，其性能也有差异，但均具有生物降解能力和良好的润滑性，其燃烧排放物中没有硫化物、PAH和 n – PAH，也可以降低 PM 和 CO 的排放，又因其含氧，可以获得高的功率[120~122]，还能与柴油任意比例混合，是柴油机理想的替代燃料之一，为此考虑用生物柴油作为甲醇柴油混合燃料助溶剂配制微乳化燃料。本书所使用的生物柴油是以地沟油为原料自行制取的[122,123]，通过对自行制取的生物柴油进行物理化学特性的分析研究，得到生物柴油的检测数据，见表2-3。

表2-3 生物柴油检测值

检测指标	检测方法	检测结果
十六烷值	GB 386—2010	58
馏程（95%）	GB 255—2010	>360
沸点/℃	沸点测定法	>320
酸值	GB/T 5530—2005	0.8
闪点/℃	GB/T 261—2008	125
密度/g·mL^{-1}	公式法	0.875
黏度（40℃）/mm^2·s^{-1}	GB 265—2010	4.36
热值/MJ·L^{-1}	GB 384—2010	37.4
冷凝温度/℃	实验法	-16

从表2-3中可以看出，该生物柴油的各方面指标值均已达到标准，并在很多方面具有石化柴油无法比拟的优越特性。

微乳液的形成不需要外加功，主要依靠体系中各组分的匹配[124]，寻找这种匹配关系的主要方法有PIT（相转换温度）法、CER（黏附能比）法、表面活性剂在油相和界面相的分配、HLB（亲水亲油平衡值）法和盐度扫描等方法。根据这些方法和前人的结论与经验[125~128]，中碳醇具有很好的亲油亲水性，兼顾考虑市场应用前景，以不能增加燃油成本、最低限度不能超过柴油的成本价格为目的，还确定了油酸、正丁醇、异丁醇、异戊醇作为表面活性剂。

2.4.2 微乳液的制取方法

根据文献 [129]，微乳液常规制备方法有两种：一种是把有机溶剂、水、乳化剂混合均匀，然后向该乳状液中滴加醇，在某一时刻体系会突然间变得透明，这样就制得了微乳液，这种方法称为 Schulman 法；另一种是把有机溶剂、醇、乳化剂混合为乳化体系，向该乳化液中加入水，体系也会在瞬间变得透明，这种方法称为 Shah 法。

微乳液的制取步骤如下：

（1）在一定温度下，用移液管取甲醇5mL放入干燥的50mL试管中，用滴定管添加柴油并同时振荡至混合溶液出现浑浊为止，记录柴油添加体积数。

（2）混合液中缓慢滴加助溶剂，并充分振荡，至溶液恰由浊变清时停止，记下所加助溶剂的体积。

（3）继续加入柴油，同时不断振荡直至混合溶液出现混浊，记下所加柴油的总体积数。

（4）用助溶剂滴定至溶液刚由浊变清，记录所用的生物柴油总体积数。

（5）如此反复进行实验直至滴定终点，滴定时必须充分振荡。

（6）综合以上各个数据，绘出柴油、甲醇、助溶剂的三相相图。

2.4.3 不同助溶剂的试验

2.4.3.1 生物柴油作为助溶剂的比较试验

A 单纯生物柴油作为助溶剂

甲醇与柴油的互溶性很差，未添加生物柴油时，甲醇与柴油几乎不溶。将生物柴油作为助溶剂，20℃制取甲醇柴油的三相图如图 2－11 所示，曲线的上面是共溶区，下面是非共溶区。从图 2－11 中可以看出生物柴油的最大使用量达到燃料总量的 62%，此时的甲醇和柴油的使用量仅为燃料总量的 19%，并且通过实验还发现在 10℃以下，三者几乎不能互溶，可见单纯生物柴油对于柴油－甲醇体系的助溶效果较差。

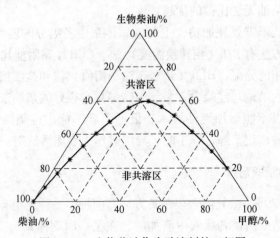

图 2－11 生物柴油作为助溶剂的三相图

B 正丁醇与生物柴油－正丁醇的比较

以正丁醇作为单一的助溶剂和生物柴油－正丁醇按一定比例混合后作为助溶剂分别进行试验，得出的三相图如图 2－12 所示。

由正丁醇作为助溶剂制取微乳化的效果是比较好的。在甲醇的含量在 40% 左右时，助溶剂用量达到最大值，为 38.5%。然而正丁醇的价格昂贵，是生物柴油的 3 倍左右。

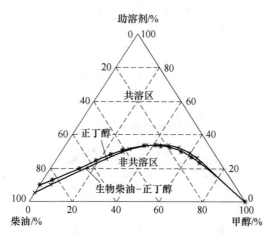

图 2 - 12　正丁醇与生物柴油 - 正丁醇
分别作为助溶剂的三相图

将生物柴油和正丁醇按一定比例混合后作为助溶剂得到的三相图如图 2 - 12 所示。由于加入了生物柴油，醇的总体使用量较少。随着甲醇含量的提高，助溶剂的相对使用量也逐渐提高，在甲醇相对含量达到 40% 之前，助溶剂的变化量与甲醇的变化量几乎是线性的关系。当甲醇含量在 40% 左右时，助溶剂的用量也达到最大值，约为 35%，略低于单一溶剂正丁醇，但是使用的正丁醇的含量较低，助溶剂的价格也降低很多，并且生物柴油是柴油机的含氧替代燃料，能改善燃烧效果。

C　异丁醇 - 异戊醇与生物柴油 - 异戊醇的比较

以异丁醇 - 异戊醇作为助溶剂和以生物柴油 - 异戊醇作为助溶剂的三相图如图 2 - 13 所示。

在异丁醇 - 异戊醇作为助溶剂的实验中，当甲醇的含量低于 30% 时，助溶剂的使用量较高，要高于甲醇的含量，直到甲醇含量达到 35% 时，助溶剂的使用量才降低到与甲醇相当。在图中还能很明显地看出，助溶剂的相对使用量随着甲醇相对使用量的增加先是缓慢上升后快速下降。以生物柴油 - 异戊醇作为助溶剂的三相图中，由于加入了生物柴油，因而醇的总体用量较之以异丁醇 - 异戊醇为助溶剂少了很多。当甲醇含量低于 20% 时，生物柴油 - 异戊醇助溶剂的使用量相对变高，当甲醇含量在 40% 左右时，本试验所用助溶剂的使用量达到最大值约为 37%，比使用异丁醇 - 异戊醇时的最大使用量 38.5% 要小。

D　正丁醇 - 异戊醇与生物柴油 - 正丁醇 - 异戊醇的比较

以正丁醇 - 异戊醇作为助溶剂和以生物柴油 - 正丁醇 - 异戊醇作为助溶剂的

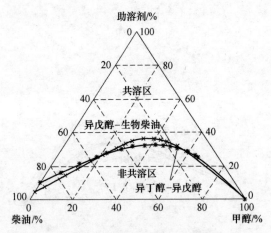

图 2 - 13　异丁醇 - 异戊醇与生物柴油 -
异戊醇分别作为助溶剂的三相图

三相图如图 2 - 14 所示，比较后可以看出，随着甲醇含量的增加，助溶剂的相对使用量增大，生物柴油 - 正丁醇 - 异戊醇对甲醇柴油的微乳化效果略微好些，能增大共溶区的面积，特别是在甲醇含量为 50% 左右时，助溶剂使用量可以减少 2% 左右。

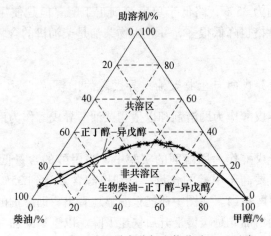

图 2 - 14　正丁醇 - 异戊醇与生物柴油 - 正丁醇 -
异戊醇作为助溶剂的三相图

2.4.3.2　生物柴油的不同含量对三相图的影响

常温下，以油酸 - 生物柴油为助溶剂，设置柴油与生物柴油的不同比例，得到三相图中的七条曲线，如图 2 - 15 所示。

在图 2 - 15 中，各线条表示的柴油与生物柴油的比例从下而上依次为 1/1,

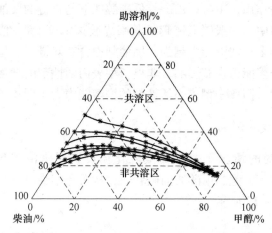

图 2 - 15　柴油与生物柴油不同比例对三相图的影响

1.5/1，2/1，2.5/1，3/1，4/1 和 5/1。从图中可以看出，随着生物柴油与柴油比例的增大，助溶剂使用量减少，从而油酸的使用量减少，而油酸的使用量是助溶剂选择的重要因素，它既影响燃料价格，也影响燃料的燃烧效果。由于生物柴油的比例提高，而助溶剂的总量在减少，则油酸的实际使用量是很低的。在甲醇的含量为 20% 的情况下，油酸的使用量仅为 6%。当甲醇含量低于 3% 时，可以加少量甚至不加油酸也能使溶液达到微乳化的效果。从七种曲线的变化趋势还可以看出，随甲醇含量的增加，各种比例下，使用助溶剂的总量差别减小。当甲醇的含量增加到 80% 时，助溶剂的总量基本一样。因此，生物柴油形成微乳化溶液有很好的效果，随着生物柴油含量的增加，共溶区的面积增加，但甲醇的含量达到一定程度时，即使再增加生物柴油的含量，共溶区的面积也不会增加。

2.4.3.3　醇的种类对微乳液的影响

将不同的醇混合制成复合助溶剂进行甲醇柴油的微乳化试验，图 2 - 16 中所示为醇的种类对乳化效果的影响。微乳化效果依次为：异丁醇 - 异戊醇、正丁醇 - 异丁醇 - 异戊醇、正丁醇、正丁醇 - 异戊醇。从图 2 - 16 中还可以看出，随着甲醇含量的增加，助溶剂的使用量增加，基本是 1:1 的比例。当甲醇含量为 2.8mL 以下时，异丁醇 - 异戊醇的使用量不足 1.8mL。但是当甲醇用量超过 4.5mL 时，异丁醇 - 异戊醇的使用量增加较大。当甲醇用量超过 6mL 时，助溶剂使用量下降，这是由于甲醇的用量超过了柴油的用量，形成了 O/W 型溶液。考虑不改变柴油机结构的情况下，燃烧甲醇柴油混合燃料，需要形成 W/O 型溶液，也就是甲醇含量低的微乳液，因此，以异丁醇 - 异戊醇效果最好。

中碳醇的助溶作用主要是因为中碳醇的碳链与烷烃相似，因此能够与柴油互溶。而中碳醇的羟基又能很好地与甲醇的羟基以氢键相互作用，也能互溶。这样，通过中碳醇的作用，甲醇、乙醇等低碳醇能够与长链的柴油互溶。

在同系助溶剂中，一般碳氢链越长其临界胶束浓度 CMC 值越小，在溶液中形成的胶束数目越多，增溶能力越强。助溶剂中含有双键时，增溶能力下降。助溶剂的离子性对增溶能力也有影响，非离子型表面活性剂的增溶能力大于相应的离子型表面活性剂，阳离子型表面活性剂的增溶能力大于阴离子型表面活性剂。

2.4.3.4 温度的影响

其他条件不变的情况下，改变微乳化温度，即水浴温度在 20℃、30℃、40℃、50℃等条件下，配制甲醇柴油微乳液，从而考察临界分层温度。温度对微乳液的影响如图 2 - 17 所示。

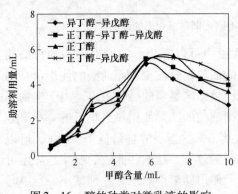

图 2 - 16　醇的种类对微乳液的影响　　　图 2 - 17　温度对微乳液的影响

从实验结果可以看出，温度对微乳液也有很大的影响。温度的升高有利于微乳液的形成。温度对增溶作用的影响有两个方面：一是温度变化可导致胶束本身性质发生变化；二是温度变化可引起被增溶物在胶束中的溶解情况发生变化。对于离子型表面活性剂来说，温度升高对胶束形成影响不大，但温度升高后也能促进被增溶物在胶束中的溶解。对于非离子表面活性剂来说，温度升高水化作用减小，胶束易于形成，胶束的聚集数也显著增加。故增溶能力随温度升高而增大。而温度继续升高至一定值后，表面活性剂脱水，变得易缩卷，使胶束栅栏界面区间起增溶的空间减小，于是增溶能力减小。

2.5 乙醇在微乳液中的影响

2.5.1 乙醇－生物柴油－柴油三相体系的互溶性

由于乙醇在互溶方面起到重要的作用，所以还需要做出乙醇、生物柴油、柴油在常压、不同温度下的三相图，如图 2 - 18 ～ 图 2 - 27 所示。其中，以各物质在混合溶液中的体积分数为坐标轴，得到 5 ～ 50℃之间 10 种温度下的三相图。曲线上部为互溶区，曲线下部为非互溶区。

在三相图两条曲线中，上方虚线为工业乙醇－生物柴油－柴油的互溶临界关系曲线，下方实线为无水乙醇－生物柴油－柴油的互溶临界曲线。

由图 2-18～图 2-27 可以看出：随着温度的升高，三相互溶曲线走势越来越贴近坐标底轴（乙醇），即互溶区域所占比例越来越大，乙醇－生物柴油－柴油体系的互溶性随着温度的升高而增强。在 5℃ 的时候（见图 2-18），无水乙醇－生物柴油－柴油混合体系中，加入的生物柴油若超过混合燃料的 11.9%（体积分数），即生物柴油的最大加入量，则柴油和乙醇可以以任意比例混合互溶，

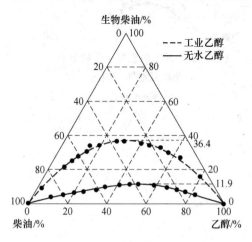

图 2-18 5℃时乙醇－生物柴油－
柴油互溶三相图

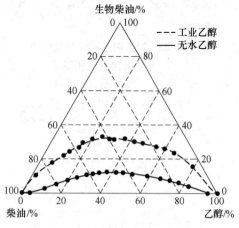

图 2-19 10℃时乙醇－生物柴油－
柴油互溶三相图

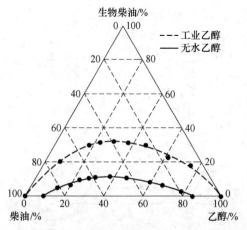

图 2-20 15℃时乙醇－生物柴油－
柴油互溶性三相图

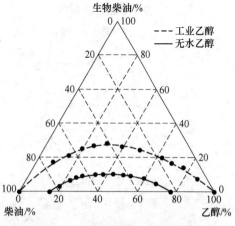

图 2-21 20℃时乙醇－生物柴油－
柴油互溶性三相图

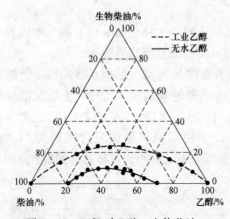

图 2 - 22 25℃时乙醇 - 生物柴油 -
柴油互溶性三相图

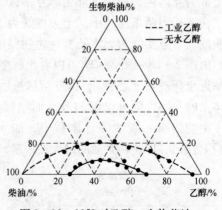

图 2 - 23 30℃时乙醇 - 生物柴油 -
柴油互溶性三相图

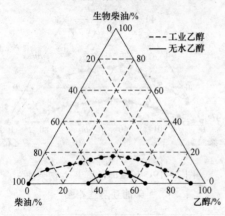

图 2 - 24 35℃时乙醇 - 生物柴油 -
柴油互溶性三相图

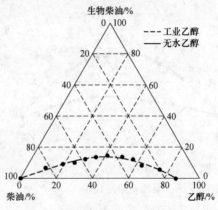

图 2 - 25 40℃时乙醇 - 生物柴油 -
柴油互溶性三相图

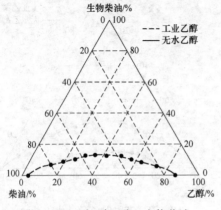

图 2 - 26 45℃时乙醇 - 生物柴油 -
柴油互溶性三相图

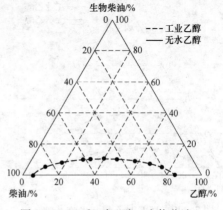

图 2 - 27 50℃时乙醇 - 生物柴油 -
柴油互溶性三相图

即对于此三相体系，在5℃以上时，当生物柴油加入量超过11.9%（体积分数）后，该体系互溶情况良好。而对于工业乙醇－生物柴油－柴油三项体系，需要加入的生物柴油最大量为36.4%。而在5℃以下时，加入生物柴油后，此三元体系是以乳状液的形态存在的，但是该乳状液体系不存在以水做乳化剂时可能会结冰的问题。因此，不论在高寒的北方，还是温暖的南方，乙醇－生物柴油－柴油的三元乳化体系燃油都是可以实际应用的。

2.5.2 甲醇－生物柴油－柴油三相体系的互溶性

为了进一步研究多元燃料的助溶效果，把生物柴油应用于甲醇－柴油体系的互溶。实验方法与上面乙醇－柴油体系的方法相同。

15～60℃时甲醇－生物柴油－柴油三相如图2－28～图2－37所示。结果表

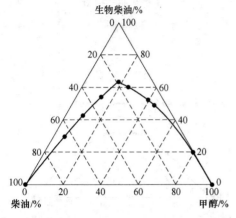

图2－28　15℃时甲醇－柴油－
生物柴油三相图

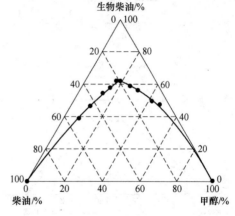

图2－29　20℃时甲醇－柴油－
生物柴油三相图

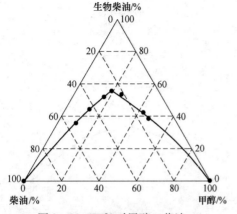

图2－30　25℃时甲醇－柴油－
生物柴油三相图

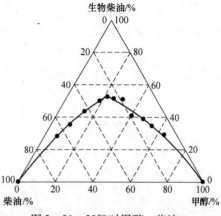

图2－31　30℃时甲醇－柴油－
生物柴油三相图

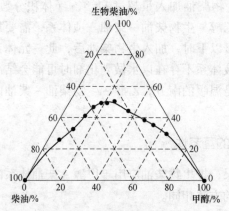

图 2 - 32 35℃时甲醇 - 柴油 -
生物柴油三相图

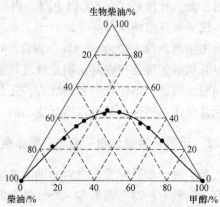

图 2 - 33 40℃时甲醇 - 柴油 -
生物柴油三相图

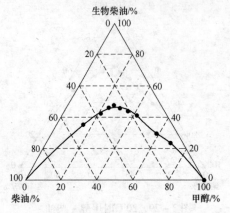

图 2 - 34 45℃时甲醇 - 柴油 -
生物柴油三相图

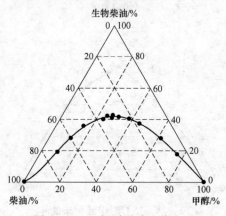

图 2 - 35 50℃时甲醇 - 柴油 -
生物柴油三相图

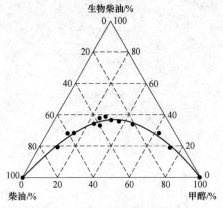

图 2 - 36 55℃时甲醇 - 柴油 -
生物柴油三相图

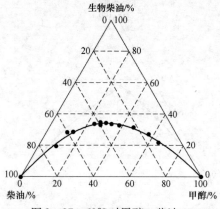

图 2 - 37 60℃时甲醇 - 柴油 -
生物柴油三相图

明，甲醇与柴油的互溶性很差，未添加生物柴油时，甲醇与柴油几乎不溶，生物柴油的助溶效果不明显，从图中可以看出15℃时生物柴油的最大添加量约为63.6%，此时的甲醇和柴油添加量仅为18.2%，并且通过实验发现在10℃以下，三者几乎不能互溶，可见生物柴油不适于作为柴油－甲醇体系的促溶剂。

2.5.3 乙醇－生物柴油－柴油体系与甲醇－生物柴油－柴油体系的对比

由三相图和实验数据中各成分的加入量可以看出：乙醇－生物柴油－柴油体系比甲醇－生物柴油－柴油体系的溶解度要好许多，随着温度的升高，它们的互溶度都会增强。由实验三相图可知，甲醇与生物柴油以及甲醇与柴油互溶性都极差。生物柴油是弱极性的物质，柴油中大部分是非极性物质，造成生物柴油对甲醇－柴油体系的助溶作用极差。而生物柴油对柴油－乙醇的助溶作用非常明显，尤其是对于无水乙醇－生物柴油－柴油体系，只需少量生物柴油，乙醇、生物柴油和柴油三者就可以形成稳定的完全互溶的混合液。

2.5.4 甲醇－乙醇－生物柴油－柴油四元混合燃料的互溶性

由于甲醇与柴油及生物柴油的互溶性都极差，为了研究甲醇能够多大限度溶于柴油中，通过甲醇与乙醇的互溶性，利用乙醇与生物柴油的助溶作用来考察甲醇和柴油的溶解性。即利用添加乙醇和生物柴油二者做助溶剂研究四元混合燃料的相溶性。首先将甲醇与乙醇以1:1的比例混合，实验发现甲醇乙醇混合物可以与部分生物柴油互溶。甲醇与乙醇1:1的混合物和生物柴油、柴油在各种温度下、不同添加量的互溶关系如图2-38～图2-47所示，实验方法同上。

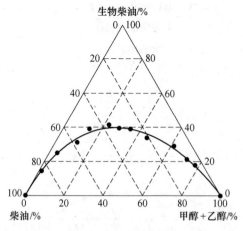

图2-38 5℃时甲醇－乙醇－柴油－
生物柴油三相图

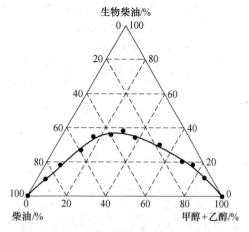

图2-39 10℃时甲醇－乙醇－柴油－
生物柴油三相图

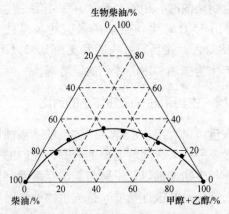

图 2 - 40　15℃时甲醇 - 乙醇 - 柴油 -
生物柴油三相图

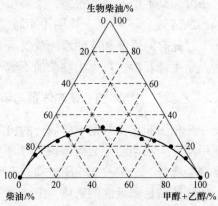

图 2 - 41　20℃时甲醇 - 乙醇 - 柴油 -
生物柴油三相图

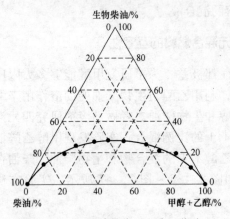

图 2 - 42　25℃时甲醇 - 乙醇 - 柴油 -
生物柴油三相图

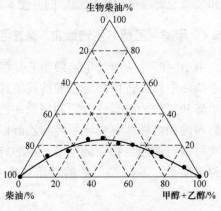

图 2 - 43　30℃时甲醇 - 乙醇 - 柴油 -
生物柴油三相图

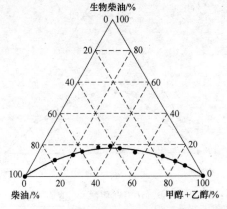

图 2 - 44　35℃时甲醇 - 乙醇 - 柴油 -
生物柴油三相图

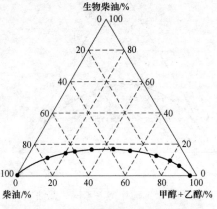

图 2 - 45　40℃时甲醇 - 乙醇 - 柴油 -
生物柴油三相图

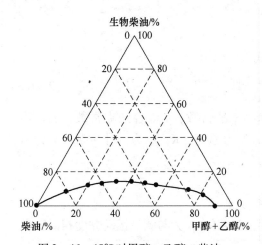

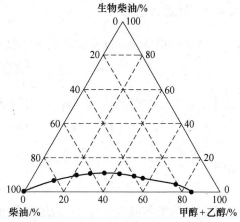

图 2-46 45℃时甲醇-乙醇-柴油-
生物柴油三相图

图 2-47 50℃时甲醇-乙醇-柴油-
生物柴油三相图

以图 2-40 为例,甲醇+乙醇添加比例为 20% 时,即甲醇和乙醇的含量都为 10%,生物柴油的添加量为 32.6% 才能保证混合燃料不会出现分层,此时柴油的含量为 48.4%。

另外,实验表明,减少生物柴油的含量而增加乙醇的含量也可达到同样结果。选取含 10% 甲醇、15% 乙醇、25% 生物柴油和 60% 柴油在 15℃时也可以形成四元混合互溶燃料,但发现该混合燃料在低于 10℃时会混浊形成乳化液甚至明显分层,可见四元体系中甲醇的存在导致难于形成互溶液。

2.6 甲醇柴油微乳液形成的热力学函数计算方法及分析

微乳液是一种热力学稳定的系统,可以用吉布斯自由能方程式来解释:

$$\Delta G = \gamma \Delta A - T \Delta S \qquad (2-5)$$

式中,ΔG 为自由能,kJ;γ 为表面张力,mN;ΔA 为表面积变量,mm^2;T 为系统温度,K;ΔS 为熵,kJ/K。

热力学状态的基本原理是:对于任何一个要达到稳定状态的体系来说,体系的表面自由能趋向于减小。随着体系 ΔG 的减小,体系变得更加稳定[130];当 $\Delta G = 0$ 时体系达到平衡。既可以通过减少 γ,也可以通过减小界面面积来降低 ΔG,通过絮凝过程或聚沉过程能使表面张力减小,加入表面活性剂减小界面张力 γ,但不能减小到 $\gamma = 0$ 的程度[131]。

生物柴油与柴油混合后,可以增加熵值,而中碳醇、油酸等能够降低表面张力,因此使得自由能 ΔG 降低,达到热力学稳定系统,形成透明均匀的微乳液。本节根据热力学模型,进行甲醇柴油微乳液的计算研究,具体分析微乳液的影响因素。

2.6.1　计算方法

计算根据 A. Acharya 提出的如下公式[132]：

$$\eta = \left(\frac{hN}{V}\right)e^{\Delta H^{\theta}/(RT)}e^{-\Delta S^{\theta}/R} \qquad (2-6)$$

式中，η 为动力黏度，Pa·s；N 为阿伏伽德罗常数；h 为普朗克常数；ΔH^{θ} 为焓，kcal/mol；ΔS^{θ} 为熵，cal/(K·mol)；T 为温度，K；R 为气体常数；V 为摩尔体积，m^3。

由于

$$\eta = \nu\rho \text{ 和 } m = \rho V$$

式中，m 为摩尔质量，kg；ν 为运动黏度，mm^2/s；ρ 为与测量运动黏度相同温度下试样的密度，kg/m^3。

可以得到：

$$\nu = \left(\frac{hN}{m}\right)e^{\Delta H^{\theta}/RT}e^{-\Delta S^{\theta}/R} \qquad (2-7)$$

则

$$\ln\nu = \left[\ln\left(\frac{hN}{m}\right) - \frac{\Delta S^{\theta}}{R}\right] + \frac{\Delta H^{\theta}}{RT} \qquad (2-8)$$

求导得出：

$$\frac{d\ln(\nu)}{dT} = -\frac{\Delta H^{\theta}}{RT^2} \qquad (2-9)$$

式（2-9）左侧表示温度和黏度的关系。为了求出这种关系，分别对纯柴油（记为 M0）以及甲醇含量为 10%（记为 M10）和甲醇含量为 20%（记为 M20）的柴油微乳液进行黏温特性实验，并进行对数变换，得到 lnν 与温度的关系如图2-48 所示。

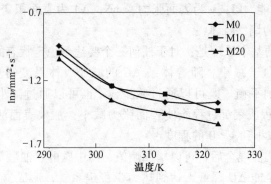

图 2-48　lnν 与温度的关系图

图 2 –48 表明 $\ln\nu$ 与 T 之间并非线性关系。根据多项式拟合，设：

$$\ln\nu = a + bT + cT^2 \tag{2-10}$$

则

$$-\frac{\Delta H^{\theta}}{RT^2} = \frac{\mathrm{d}\ln\nu}{\mathrm{d}T} = b + 2cT \tag{2-11}$$

$$\Delta C_p = \frac{\mathrm{d}\Delta H^{\theta}}{\mathrm{d}T} = -2RT(b + 3cT) \tag{2-12}$$

自由能 ΔG^{θ} 的求解根据下面公式[132]：

$$\Delta G^{\theta} = -RT\ln\frac{m\nu}{hN} \tag{2-13}$$

则可以求出熵：

$$\Delta S^{\theta} = \frac{\Delta H^{\theta} - \Delta G^{\theta}}{T} \tag{2-14}$$

2.6.2　影响因素分析

2.6.2.1　甲醇含量对微乳液 ΔG^{θ} 的影响

由图 2 –49 可知，随着甲醇添加比例的增大，混合燃料的黏度逐渐降低，根据式（2 –13）可知 ΔG^{θ} 升高，不利于微乳液的形成。若要降低 ΔG^{θ}，应当提高黏度，需要加入大量的助溶剂。由于生物柴油的黏度较大，采用生物柴油为助溶剂，既可以有效地使柴油和甲醇互溶在一起，又可以抵消甲醇带来的黏度的降低，改善燃料的性质。

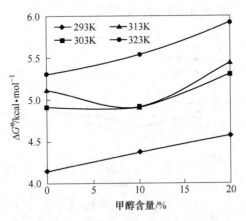

图 2 –49　甲醇含量与 ΔG^{θ} 的关系图

2.6.2.2　生物柴油含量对微乳液 ΔS^{θ} 的影响

常温下，柴油与生物柴油的比值与 ΔS^{θ} 的关系图如图 2 –50 所示。生物柴油的含量越大，则熵越大，得到的自由能越小，越有利于微乳液的形成。生物柴油与柴油混合后，熵增加很快，因此形成甲醇柴油微乳液时助溶剂加入量少，混合液微乳化效果好。

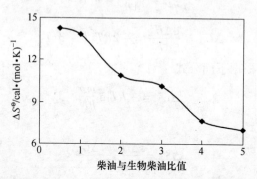

图2-50　柴油与生物柴油的比值与 $\Delta S^\ominus$ 的关系图

2.6.2.3　温度对微乳液 $\Delta G^\ominus$ 的影响

对于甲醇-油酸-生物柴油-柴油体系，根据20℃、30℃和40℃时的拟三元相图测得的黏温特性求出 $\Delta G^\ominus$。由于 $\Delta G^\ominus = -RT\ln\dfrac{m\nu}{hN}$，对于同一助溶剂相同配比的甲醇柴油，$R\ln\dfrac{m}{hN}$ 是一定的，可是温度升高，黏度下降，因此 $\Delta G^\ominus$ 随温度升高而先下降后上升。这样，从温度升高开始，低于305K时有利于微乳液形成，高于313K时，不利于微乳液的形成，如图2-51所示。

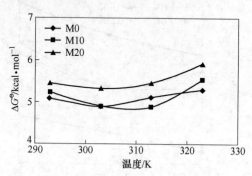

图2-51　温度与 $\Delta G^\ominus$ 的关系图

微乳液形成过程标准焓变 $\Delta H^\ominus$ 和标准熵变 $\Delta S^\ominus$，根据热力学公式，有 $\Delta G = \Delta H^\ominus - T\Delta S^\ominus$，即 $-\dfrac{\Delta G}{T} = -\dfrac{\Delta H^\ominus}{T} + \Delta S^\ominus$，以 $-\dfrac{\Delta G}{T}$ 对 $\dfrac{1}{T}$ 作图，可以得到近似平行于横坐标的直线。直线的斜率代表标准焓变 $\Delta H^\ominus$ 的负值，截距代表标准熵变 $\Delta S^\ominus$。

图 2 – 52 所示为温度与 $-\Delta G/T$ 的关系。从图中可以看出，由于斜率基本没有变化，标准自由能的变化是由于加入生物柴油后，分子混乱程度增加而引起熵变决定的。

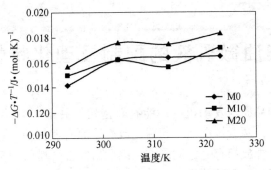

图 2 – 52　温度与 $-\Delta G/T$ 的关系

第3章

甲醇柴油微乳液的配制及理化特性研究

燃料的种类和品质与发动机的性能有着密切的关系[133]。甲醇和柴油有着不同的物理化学特性，两者掺混在一起后，改变了原有燃料的一些理化特性，这些对发动机的燃烧和排放都有一定的影响，因此研究混合燃料的理化特性是准确地进行数值模拟与试验研究的前提。

3.1 试验装置及试验方法

3.1.1 试验设备与材料

试验设备与材料包括冰柜、恒温水浴、烧杯、试管、量筒、品式黏度计（φ1.0）、镀铬镊子、温度计（0～100°C，分度为1°C）、玻璃试管（直径15～20mm，高140～150mm）、铜片（长40mm，宽10mm，厚1.5～2.5mm）、砂纸（粒度分别为150号和180号）。

3.1.2 试验试剂

试验试剂如下：
（1）无水甲醇：分析纯。
（2）乙醚：分析纯。
（3）丙酮：分析纯。
（4）油酸：分析纯。
（5）生物柴油：由地沟油自行制取。

3.1.3 试验方法

按照《石油产品运动黏度测定法和动力黏度计算法》（GB/T 265）进行试验。

3.2 甲醇柴油微乳化燃料的配制

根据前面分析可以知道，配制甲醇柴油微乳液采用复合助溶剂效果好，油酸具有良好的助溶效果，生物柴油是最有前途的替代燃料，因此选取油酸－生物柴油为复合助溶剂来配制甲醇柴油微乳液，如图 3 - 1 所示。在图中两条曲线中，上面的曲线是单纯油酸作为助溶剂配制的甲醇柴油微乳化曲线，下面的曲线是生物柴油和柴油 1∶1 混合后，以油酸作为助溶剂，再与甲醇混合形成微乳液的曲线。

两条曲线比较而言，加入生物柴油后，共溶区的面积增加，特别是在甲醇含量低的时候，油酸用量非常少。以生物柴油为助溶剂配制甲醇柴油混合燃料时，当甲醇含量低于 5% 时，不需要添加油酸就可以形成微乳液。如果不采用生物柴油做助溶剂，配制 5% 的甲醇柴油混合燃料，需要加 3% 的油酸才能形成微乳液；随着甲醇含量的增加，油酸的使用量也增加。当甲醇含量为 10% 时，采用生物柴油为助溶剂，需要加入 1% 的油酸才能形成微乳液，但不加入生物柴油时，需要加入 7% 的油酸才能形成微乳液，可以看出生物柴油的加入，使得油酸用量大为减少。但是当甲醇含量高于 70% 时，两条曲线基本重合。一般而言，当不改变柴油机结构时，添加的甲醇含量不宜超过 20%，如图 3 - 1 左下角圈中部分，而且生物柴油燃料价格比油酸约低 2/3，因此生物柴油是具有重要作用的助溶剂。

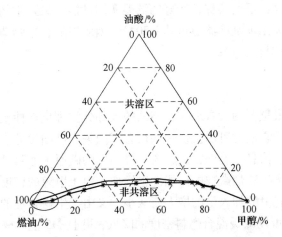

图 3 - 1 油酸与生物柴油 - 油酸的比较

为了研究混合液稳定性随甲醇体积分数变化的关系，在三相图中选取甲醇体积分数约为 5%、10%、15% 做对比试验。混合燃料中甲醇、油酸、生物柴油和柴油的体积分数的配比见表 3 - 1。

结果表明，M5、M10、M15 三组混合燃料都可以长时间保持均匀稳定，采用自制的生物柴油作助溶剂配制成甲醇柴油微乳液，其稳定期和分层温度可以满足柴油机替代燃料的要求，因此将选取这三种混合燃料，研究混合燃料的理化特性。本书主要研究理化特性中对发动机性能有重大影响的几个项目。

表 3 − 1　甲醇 − 生物柴油 − 柴油混合燃料的稳定时间及分层温度

燃料种类	甲醇体积分数/%	柴油体积分数/%	生物柴油体积分数/%	油酸体积分数/%	稳定情况（15 个月）	分层温度/℃
M0	0	100	0	0	稳定	
M5	5	47.5	47.5	0	稳定	0
M10	10	44.5	44.5	1	稳定	0
M15	15	40	40	5	稳定	0

3.3　甲醇 − 生物柴油 − 柴油混合燃料的主要理化特性研究

3.3.1　冷滤点

　　冷滤点是国际上公用的、评价燃料油低温性能的指标。对于甲醇 − 生物柴油 − 柴油混合燃料，由于甲醇的凝点为 − 98℃，因此混合燃料的冷滤点并不会因为甲醇的加入而升高，反而会保持较好的低温实用性能，另外生物柴油具有较好的低温起动性能，无添加剂冷滤点可达 − 20℃。因此甲醇、生物柴油的添加比例并不会影响到混合燃料的冷滤点。

3.3.2　密度

　　密度是燃油最重要的参数之一，燃油的大部分物理化学性质与密度之间都存在某种内在关系，它通常可以提供一些很有用的关于燃油组分、点火质量、功率输出、排放烟度等信息。燃油密度越大、燃油里的碳原子数目越多，意味着输出功率越大，同时产生碳烟微粒的可能性也增加。由于甲醇的密度较小，因此混合燃料的密度会随着甲醇加入量的增大而减小。又由于生物柴油的密度较大，大约为 0.875g/cm^3，可以减缓混合燃料密度的降低，并且 M5 混合燃料的密度大于柴油密度。

　　混合燃料的密度随各组分变化的拟合公式为：

$$\rho = \rho_D(1 - C_1 - C_2) + \rho_M C_1 + \rho_B C_2$$

式中，ρ 为温度 20℃时混合燃油的密度；C_1 为甲醇的体积含量；ρ_M 为 20℃时甲醇的密度；C_2 为生物柴油的体积含量；ρ_B 为 20℃时生物柴油的密度；ρ_D 为 20℃时柴油的密度。此式可以计算出 20℃时任何百分比含量的柴油甲醇生物柴油混合燃料的密度值，通过实验也可以测得混合燃料的密度，M5、M10 和 M15 分别为 0.856g/cm^3、0.843g/cm^3、0.822g/cm^3。计算值与测量值之间的误差不大于 0.5%。

3.3.3 黏度

黏度是衡量流体内部摩擦阻力大小的尺度，是流体抵抗剪切作用的一种能力。它影响柴油的喷雾质量。黏度越大，雾化后油滴的平均直径也越大，使得燃油和空气的混合不均匀，燃烧不及时或不完全，燃油消耗率增大，排气冒黑烟等。

温度对燃油黏度的影响很大，温度升高时，液体燃料分子的振动加剧，削弱了分子间的束缚力，增加了流动性，黏度因而下降。液体燃料的黏度随温度变化关系（黏温特性）是燃料特别是代用燃料重要的品质特性。一般来说，石油系列液体燃料的黏温特性曲线以平缓为好，即黏度随温度的影响不要太大，因为在柴油机中，燃料油在供油系统中兼起润滑和防漏作用。现代柴油机供油系统三对偶件的间隙只有 $1\sim3\mu m$，燃料油黏度过大，会增加其运动阻力，增加发动机功率损失，而过小会增加偶件的磨损，扩大其间隙，从而增加燃料油在偶件中的漏失。

甲醇燃料的黏度比柴油低，随着掺烧量的不同，混合燃料的黏度也会变化。黏温特性可以从实验得到。本书对 0 号柴油的纯柴油、M5、M10 和 M15 分别进行了黏温特性试验，采用运动黏度计量 ν，单位 mm^2/s。试验结果如表 3－2 和图 3－2 所示。

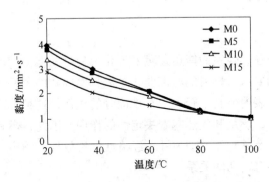

图 3－2　甲醇含量对混合燃料黏度的影响

由图 3－2 可知，随着甲醇添加比例的增大，甲醇－生物柴油－柴油混合燃料的黏度逐渐降低，并且随着温度的升高，当温度高于 80℃以后，混合燃料的黏度将和 0 号柴油的黏温曲线重合在一起，这是因为甲醇的沸点仅为 64.8℃，远小于柴油的沸点，因而当混合燃料的温度高于 64.8℃时，混合燃料中的甲醇就开始蒸发出来。当温度达到 80℃时，试验结果表明甲醇已基本从混合燃料中完全蒸发出来，因此混合燃料中仅剩下柴油成分，所以在温度 80℃时几种混合燃料的黏温曲线相互重合在一点。

表 3-2 燃料在不同温度下的黏度 (mm^2/s)

燃料类型	20℃	40℃	60℃	80℃	100℃
M0	3.9	3.0	2.1	1.3	1.0
M5	3.7	2.8	2.1	1.3	1.0
M10	3.4	2.5	1.9	1.2	1.0
M15	2.9	2.1	1.2	1.2	1.0

由于上述原因，在柴油机上燃用甲醇-生物柴油-柴油混合燃料时，发动机的供油系统中应当防止因甲醇蒸发而导致的气阻和穴蚀现象。同时，由于甲醇-生物柴油-柴油混合燃料的黏度随甲醇添加比例的增加而降低，因此对于柱塞式喷油泵而言，由于混合燃料黏度的下降，燃料的节流效应将会下降，使得在柱塞槽与进油孔相通期间燃油回流增多，从而使喷油泵柱塞实际有效行程缩短，每循环供油量减少，发动机动力性下降。因此，在配制甲醇-生物柴油-柴油混合燃料时，适当地加入黏度添加剂对发动机的动力性是有好处的，同时，也要适当加大柴油机喷油泵的每循环供油量、比如通过加大喷油泵柱塞直径、增加喷油泵喷孔直径等手段以满足发动机动力性的需要。本书以生物柴油为助溶剂，由于生物柴油的黏度较大，大约为 $4.36mm^2/s$（40℃）左右，故以生物柴油为助溶剂，既可以有效地使柴油甲醇互溶在一起，又可以部分抵消甲醇带来的黏度降低。

3.3.4 蒸馏特性

为了保证柴油在燃烧室内能迅速蒸发气化及良好的低温起动性能，对柴油的蒸馏特性有一定的要求。燃料的蒸馏曲线是燃料蒸馏物的容积数量随温度变化的曲线，曲线形态代表着燃料中轻、中、重馏分的比例，这种分配比例对于燃料油在内燃机中的着火、燃烧和放热起着决定性的作用。因此，燃料油的蒸馏曲线与内燃机的燃烧过程及其整体的动力性、经济性、排放性、噪声、振动、冷起动性能和加速性能等都有密切的关系。

图 3-3 所示为甲醇-生物柴油-柴油混合燃料的蒸馏特性对比曲线。混合燃料10%馏程温度与柴油差别很大，45%馏程以后基本和柴油曲线重合。由于甲醇的沸点较低，仅为64.8℃，混合燃料中甲醇极易蒸发出来，而且混合燃料中甲醇添加比例较小，虽然馏程有所改变，但仍然适用于现有结构的柴油机。不过，在储存甲醇-生物柴油-柴油混合燃料时，混合燃料较大的低温蒸发特性是值得考虑的一个重要因素。

3.3.5 表面张力

燃料的表面张力会影响燃料的雾化，从而影响燃烧效果。因为表面张力与液

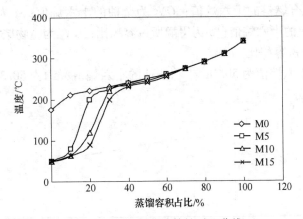

图 3 - 3 燃料的蒸馏特性对比曲线

滴的破碎和碰撞聚合相关。表面张力与燃料的化学成分、密度和温度等有关。温度越高，燃料的表面张力越小，基本呈线性关系。试验表明，燃料的温度每升高1℃，表面张力大约减小 0.1mN/m。燃料的表面张力与密度能够成正比关系，图3 - 4 所示为表面张力与温度的关系，其经验公式表达为：[134]

$$\beta = 49.6\rho - 14.92 \tag{3-1}$$

式中，β 为燃料的表面张力，mN；ρ 为燃料的密度，kg/m^3。

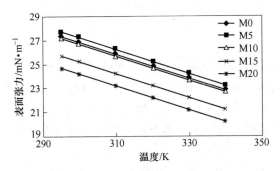

图 3 - 4 表面张力与温度的关系

3.3.6 十六烷值

十六烷值是评定柴油自燃性能好坏的指标。它与柴油机的粗暴性及起动性均有密切关系。甲醇燃料的十六烷值太低仅为 3，着火性能差，在内燃机中直接压燃比较困难，而必须辅之以外源点火。柴油掺烧甲醇后，混合燃料的十六烷值随甲醇添加比例有所变化，可以应用经验公式对甲醇 - 生物柴油 - 柴油混合燃料的十六烷值进行估算：

$$CN = a \cdot CN_1 + b \cdot CN_2 + c \cdot CN_3 \tag{3-2}$$

式中，CN 为混合燃料的十六烷值；CN_1 为柴油的十六烷值；a 为柴油所占容积比；CN_2 为甲醇的十六烷值；b 为甲醇所占容积比；CN_3 为生物柴油的十六烷值；c 为生物柴油所占容积比。

设柴油的十六烷值为 50.1，生物柴油的十六烷值大约为 50.3 左右，计算结果如图 3-5 所示。

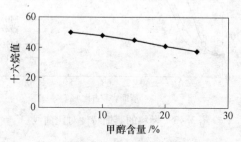

图 3-5 甲醇含量对混合燃料十六烷值的影响

由图 3-5 可以看出，随着甲醇含量的增加，甲醇-生物柴油-柴油混合燃料的十六烷值下降，M5 为 47.8，M10 为 44.9，M15 为 41.1，十六烷值的降低，会造成燃料的自燃性变差，着火延迟期变长，压力升高速度大，这并非是柴油机所希望的。一般柴油机要求燃料的十六烷值在 40 以上，因而对于掺烧大比例甲醇的混合燃料，例如 M20，需要适当添加着火促进剂。

3.3.7 热值

内燃机是以热功转换为基础的热机，燃料所含热量是发动机输出功率的来源，因而燃料的低热值是评价内燃机动力性和经济性的一个重要指标。

一般来说，甲醇、乙醇等醇类燃料的热值比石油燃料的热值低，混合燃料的热值将随加入的代用燃料的比例不同而有所不同。混合燃料的低热值可用下式进行估算：

$$Hu_c = Hu_1 \cdot x_1 + Hu_2 \cdot x_2 + \cdots + Hu_n \cdot x_n \tag{3-3}$$

式中，Hu_c 为混合燃料的低热值，kJ/kg；Hu_n 为混合燃料中第 n 种成分的低热值，kJ/kg；x_n 为混合燃料中第 n 种成分所占的比例（质量分数），%。

甲醇燃料的低热值约为 19.66MJ/kg，是柴油低热值的 46.3%，因而甲醇-生物柴油-柴油混合燃料的低热值随甲醇掺含量的增加而降低，故对于燃用甲醇-生物柴油-柴油混合燃料的发动机而言，如果喷油泵每循环供油量保持不变，则每循环喷入气缸的混合燃料的低热值将低于纯柴油的热值，因此甲醇-生物柴油-柴油混合燃料的低热值是影响发动机动力性的一个重要因素。

对于甲醇-生物柴油-柴油混合燃料而言，可用下列公式估算混合燃料的低热值：

$$Hu_c = Hu_1 \cdot x_1 + Hu_2 \cdot x_2 + Hu_3 \cdot x_3 \qquad (3-4)$$

$$\rho_m = \rho_1 \cdot v_1 + \rho_2 \cdot v_2 + \rho_3 \cdot v_3 \qquad (3-5)$$

$$v_1 + v_2 + v_3 = 1 \qquad (3-6)$$

$$x_1 = \frac{\rho_1 \cdot v_1}{\rho_m} \qquad (3-7)$$

$$x_2 = \frac{\rho_2 \cdot v_2}{\rho_m} \qquad (3-8)$$

$$x_3 = 1 - x_1 - x_2 \qquad (3-9)$$

式中，x_1、x_2、x_3 分别为混合燃料中柴油、甲醇、生物柴油的质量分数，%；ρ_m、ρ_1、ρ_2、ρ_3 分别为混合燃料密度、柴油密度、甲醇密度和生物柴油密度，g/cm^3；v_1、v_2、v_3 分别为柴油、甲醇、生物柴油的体积分数，%。

忽略燃料混合后总体积的变化，取柴油密度为 0.825 g/cm^3，生物柴油密度约为 0.875 g/cm^3，生物柴油的热值约为 37.4kJ/kg，计算结果见表 3－3。

表 3－3　混合燃料的低热值比较

燃料类型	密度/g·cm^{-3}	热值/kJ·kg^{-1}	能量百分比/%
柴油	0.825	42500	100
M5	0.860	38935.5	91.6
M10	0.848	37521.5	88.3
M15	0.818	35308.5	83.1

由表 3－3 和图 3－6 可以看出，随着甲醇含量的增加，甲醇－生物柴油－柴油混合燃料的密度先升高再降低，M5 的密度最大，为 0.860 g/cm^3，M15 的密度略低于柴油密度，为 0.818 g/cm^3，热值逐渐降低。M5 的热值降低较大，曲线斜率也比较大，而后曲线下降平缓，斜率基本保持不变。这是由于生物柴油的密度大于柴油，而热值低于柴油。

图 3－6 还表明，随着甲醇含量的增加，燃料含氧量也逐渐增加，当气缸工作容积和进气条件一定时，每循环供给工质的热量取决于单位体积可燃混合气的热值，而不是取决于燃料的热值。由于生物柴油和甲醇是含氧燃料，其理论混合气的热值与石油燃料的混合气热值基本一样，因此发动机燃用甲醇－生物柴油－柴油混合燃料，将供油量进行调整后，并不会影响发动机的功率。

3.3.8　腐蚀性

甲醇对金属材料具有腐蚀性，因此进行了混合燃料铜带腐蚀试验。试验按照《石油工业新技术及标准规范手册——油气分析测试化验新技术及标准规范》中的测试方法，即在规定条件和试验流程下，观察燃料使铜片所产生的颜色变化来

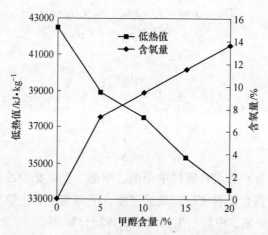

图 3 - 6　甲醇含量对燃料含氧量和低热值的影响

判断试验燃料的腐蚀性。表 3 - 4 是不同甲醇含量混合燃料的试验结果。

表 3 - 4　试验结果

燃料类型	柴油	M5	M10	M15
现象	淡橙色	淡橙色	淡橙色	深橙色
腐蚀级别	1A	1A	1A	1B

　　将试验结果与标准的腐蚀级别相对照，可以得出结论，甲醇 - 生物柴油 - 柴油混合燃料的腐蚀级别为 1 级，随着甲醇的含量提高，腐蚀级别略有上升，但总体看腐蚀性并不强，混合燃料能够满足标准 ISO 2160—1998 对燃料的要求。

第4章

甲醇－生物柴油－柴油混合
燃料燃烧的数学模型

柴油机的燃烧过程是包含流体流动、传热、传质和化学反应的复杂的物理化学过程。整个燃烧过程分为非稳态的多维气体流动、喷雾运动和燃烧反应过程。柴油机缸内燃烧过程数学模型是在质量守恒、动量守恒和能量守恒的基础上，建立的湍流模型、喷雾模型和燃烧反应等数学模型。

4.1 基本控制方程

基本控制方程包括质量守恒方程、动量守恒方程、能量守恒方程、气体状态方程、系统关系方程以及组分方程。

（1）质量守恒方程。系统中任一组分 m 的质量守恒方程为：

$$\frac{\partial \rho_m}{\partial t} + \frac{\partial(\rho_m \boldsymbol{v})}{\partial x_i} = \frac{\partial}{\partial x_i} \cdot \left[\rho D \frac{\partial}{\partial x_i}\left(\frac{\rho_m}{\rho}\right)\right] + \dot{\rho}_m^c + \dot{\rho}_m^s \delta_{ml} \tag{4-1}$$

式中，ρ_m 为组分 m 的密度；ρ 为系统密度；$\boldsymbol{v}$ 为流体速度矢量，定义为 $\boldsymbol{v} = u(t, x, y, z)\boldsymbol{i} + v(t, x, y, z)\boldsymbol{j} + w(t, x, y, z)\boldsymbol{k}$；$D$ 为组分的质量扩散系数；$\dot{\rho}_m^c$ 为组分 m 的化学反应源项；$\dot{\rho}_m^s$ 为喷雾蒸发的质量源项；δ_{ml} 为 Dirac delta 函数。

对上面的各组分求和得到总的质量守恒方程：

$$\frac{\partial \rho}{\partial t} + \frac{\partial}{\partial x_i}(\rho \boldsymbol{v}) = S^s$$

式中，S^s 为连续相的增加项，在本模型中为燃烧过程中化学反应产生的源项和燃油蒸发所产生的源项之和。

（2）动量守恒方程。

$$\frac{\partial(\rho \boldsymbol{v})}{\partial t} + \frac{\partial}{\partial x_i}(\rho \boldsymbol{v}\boldsymbol{v}) = -\frac{\partial p}{\partial x_i} - A_0 \frac{\partial}{\partial x_i}\left(\frac{2}{3}\rho k\right) + \frac{\partial \boldsymbol{\sigma}}{\partial x_i} + \boldsymbol{F}^s + \rho \boldsymbol{g} \tag{4-2}$$

$$\boldsymbol{\sigma} = \mu\left[\frac{\partial}{\partial x_i}\boldsymbol{v} + \left(\frac{\partial}{\partial x_i}\boldsymbol{v}\right)^{\mathrm{T}}\right] + \lambda \frac{\partial(\boldsymbol{v}\boldsymbol{I})}{\partial x_i}$$

式中，p 为系统流体压力；A_0 为常数，$A_0 = 0$ 时，为层流；$A_0 = 1$ 时，为湍流；k 为湍流脉动动能；$\boldsymbol{F}^s$ 为喷雾的动量源项；$\boldsymbol{g}$ 为重力加速度；$\boldsymbol{\sigma}$ 为黏性应力张量；

μ 为第一黏度即动力黏度；λ 为第二黏性系数，一般取 $\lambda = -\dfrac{2}{3}$；I 为单位应力张量。

（3）能量守恒方程。

$$\frac{\partial(\rho h)}{\partial t} + \frac{\partial}{\partial x_i}(\rho v I) = \frac{\partial p}{\partial t} + u_j \frac{\partial p}{\partial x_i} + \tau_{ij} \frac{\partial u_i}{\partial x_i} + \dot{Q}^s \tag{4-3}$$

式中，I 为系统比内能；$\dot{Q}^s$ 为能量源项；h 为系统比焓，$h = \displaystyle\int_T c_p \mathrm{d}T$；$T$ 为系统温度。

（4）气体状态方程。

$$p = R_0 T \sum_m \left(\frac{\rho_m}{W_m}\right) \tag{4-4}$$

式中，R_0 为通用气体常数；W_m 为组分的分子量。

（5）系统关系方程。

$$I(T) = \sum_m \left(\frac{\rho_m}{\rho}\right) I_m(T) \tag{4-5}$$

$$c_p(T) = \sum_m \left(\frac{\rho_m}{\rho}\right) c_{pm}(T) \tag{4-6}$$

$$h_m(T) = I_m(T) + \frac{R_0 T}{W_m} \tag{4-7}$$

式中，$I_m(T)$ 为组分 m 的比内能；$c_{pm}(T)$ 为组分 m 的定压比热容；$h_m(T)$ 为组分 m 的比焓。

（6）组分方程。在柴油机燃烧系统中，存在多种化学组分，每一种组分都遵守质量守恒定律。由此可以得到以下的组分方程：

$$\frac{\partial \rho_m c_m}{\partial t} + \frac{\partial}{\partial x_i}(\rho_m v c_m) = \frac{\partial}{\partial x_i}\left[D_m \mathrm{grad}(\rho_m c_m)\right] + S^m \tag{4-8}$$

式中，ρ_m 为组分的密度；c_m 为组分的浓度；D_m 为组分的扩散系数；S^m 为组分的单位时间内的源项，即产生项。

组分方程描述了在系统运动中各组分在扩散和对流过程中浓度的变化。

4.2 湍流方程

4.2.1 湍流数值模拟方法

湍流流动是一种高度非线性的复杂流动，但人们已经能够通过某些数值方法对湍流进行模拟，取得与实际比较吻合的结果。湍流出现在速度突变的地方。这种波动使得流体之间相互交换动量、能量和浓度变化。目前常用的三维湍流数值模拟方法主要有直接模拟和非直接模拟，如图 4 - 1 所示。

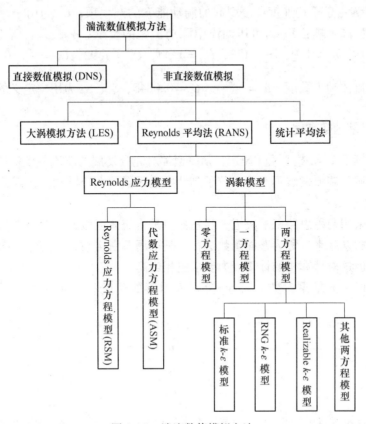

图 4-1 湍流数值模拟方法

直接数值模拟（DNS）就是直接用 Navier-Stokes 方程对湍流进行模拟计算。直接模拟不用做任何简化，理论上可以得到非常逼真的精确值，但对于高雷诺数的涡流，由于涡尺度很小，导致离散步长很小，对计算机的内存空间及计算速度要求非常高，目前还无法用于真正意义上的工程计算。

目前两方程模型在工程中使用最为广泛，最基本的两方程模型是标准 $k-\varepsilon$ 模型，即分别引入关于湍动能 k 和耗散率 ε 的方程。此外，还有各种改进的 $k-\varepsilon$ 模型，比较著名的是 RNG $k-\varepsilon$ 模型和 Realizable $k-\varepsilon$ 模型。标准 $k-\varepsilon$ 模型是 Launder 和 Spalding 在 1972 年提出来的，其中 k、ε 分别是湍动能和湍动耗散率，相应的输运方程分别为：

$$\frac{\partial(\rho k)}{\partial t} + \frac{\partial(\rho k u_i)}{\partial x_i} = \frac{\partial}{\partial x_j}\Big[\Big(\mu + \frac{\mu_t}{\sigma_k}\Big)\frac{\partial k}{\partial x_j}\Big] + G_k + G_b - \rho\varepsilon - Y_M + S_k \quad (4-9)$$

$$\frac{\partial(\rho\varepsilon)}{\partial t} + \frac{\partial(\rho\varepsilon u_i)}{\partial x_i} = \frac{\partial}{\partial x_j}\Big[\Big(\mu + \frac{\mu_t}{\sigma_\varepsilon}\Big)\frac{\partial\varepsilon}{\partial x_j}\Big] + C_{1\varepsilon}\frac{\varepsilon}{k}(G_k + C_{3\varepsilon}G_b) - C_{2\varepsilon}\rho\frac{\varepsilon^2}{k} + S_\varepsilon$$

$$(4-10)$$

式中，G_k 为由于平均速度梯度引起的湍动能 k 的产生项；G_b 为由于浮力引起的湍动能 k 的产生项；Y_M 为可压湍流中脉动扩张的贡献；σ_k、σ_ε、$C_{1\varepsilon}$、$C_{2\varepsilon}$、$C_{3\varepsilon}$ 为模型常数，$\sigma_k = 1.0$，$\sigma_\varepsilon = 1.3$，$C_{1\varepsilon} = 1.44$，$C_{2\varepsilon} = 1.92$，$C_{3\varepsilon} = -1.0$；$\mu = \mu_0 + \mu_t$，μ_0 为流体动力黏度，$\mu_t = \dfrac{C_\mu \rho k^2}{\varepsilon}$，$C_\mu = 0.0845$；$S_k$、$S_\varepsilon$ 为用户定义的源项。

4.2.2　近壁函数方程

由于标准 $k-\varepsilon$ 模型和 RNG $k-\varepsilon$ 模型都对充分发展的湍流的模拟精确，而在近壁面区域，湍流发展不充分，分子黏性影响因素比湍流脉动大，因此不能使用 $k-\varepsilon$ 模型。

一般采用两种思路来解决近壁问题：一是将流体区域的近壁条件与远壁面条件物理量联系起来，称为壁面函数法；一是采用低雷诺数，采用近壁面区域网格细分法，但这对计算机的计算能力要求也相当高。

引入两个无量纲参数 u^+、y^+ 分别表示壁面速度和壁面的法向距离，表示如下：

$$u^+ = \frac{u}{u_\tau} \tag{4-11}$$

$$y^+ = \frac{\rho u_\tau}{\mu} y \tag{4-12}$$

式中，u 为任意点的速度；u_τ 为壁面摩擦速度，$u_\tau = \sqrt{\dfrac{\tau_w}{\rho}}$；$\tau_w$ 为壁面剪切应力；y 为距离壁面的垂直距离。

$k-\varepsilon$ 模型描述了包括近壁区域的所有流体区域的流动，因此在壁面上的湍动能变化为：

$$\frac{\partial k}{\partial \boldsymbol{n}} = 0 \ (\boldsymbol{n}\ 为壁面法向向量)$$

对于非贴壁区域，存在湍动能，认为有一个扰动产生项 G_k 而引起湍动能的产生，它的产生与速度的关系可以表示为：

$$G_k = \tau_w \frac{\partial u}{\partial y} \tag{4-13}$$

式中，u 为任意点速度，与垂直壁面距离 y 为对数关系，$u = \dfrac{1}{k_a}\ln y + b$；$k_a$ 为 Karman 常数，$k_a = 0.4$；b 为表面粗糙度常数，这里认为气缸内壁面光滑，取 $b = 5.5$。

H. K. Versteeg[135] 等人研究发现，在 y^+ 很小的近壁面区域，流体的速度呈线性，满足 $u^+ = y^+$。当 $y^+ < 11.63$ 时，存在近壁区域和湍流区域理论分界面，所

以，近壁面区域的速度关系为：

$$u = \begin{cases} y & y < 11.63 \\ \dfrac{1}{k_a}\ln y + b & y \geq 11.63 \end{cases} \tag{4-14}$$

H. K. Versteeg 得到近壁区域的温度计算公式为：

$$T = \begin{cases} \sigma_t y & y < 11.63 \\ \sigma_t\left\{\dfrac{1}{k_a}\ln y + b + 9.24\left[\left(\dfrac{\sigma_t}{0.8}\right)^{\frac{3}{4}} - 1\right](1 + 0.28e^{-0.0875\sigma_t})\right\} & y \geq 11.63 \end{cases} \tag{4-15}$$

式中，σ_t 为分子 Prandtl 数，$\sigma_t = \dfrac{\mu c_p}{\gamma}$；$\gamma$ 为热传导系数。

近壁面区域湍动能 k_b 表示为：

$$k_b = \frac{C_\mu^{-0.5}\tau_w}{\rho} \tag{4-16}$$

耗散率描述的是涡在一个翻滚时间内能量的损失，对于近壁面耗散率 ε_b 用下式计算：

$$\varepsilon_b = \frac{C_\mu^{\frac{3}{4}}k^{\frac{3}{2}}}{k_a y} \tag{4-17}$$

当 $y > 11.63$ 时，使用标准 $k-\varepsilon$ 模型方程；当 $y \leq 11.63$ 时，使用壁面函数方程。

4.3 喷雾方程

在柴油机工作过程中，燃油喷射是一个十分复杂的过程，喷油直接影响着燃油雾化、蒸发、扩散及燃烧等一系列过程，进而对柴油机的燃烧及工作效率产生重要影响，因此，对燃油喷射雾化的研究十分重要。

喷雾的数值模拟是一个极其困难的课题，这是因为缸内气体的宏观流动和湍流脉动对喷雾都有强烈的影响。而喷雾本身又是由尺寸各异的大量细微油滴、油蒸气与空气组成的混合物，由于燃油的喷雾雾化机理还不十分清楚，因此喷雾混合过程的物理模型仍不十分成熟。

喷雾体的破碎是由于射流不稳定性引起的。1931 年 Weber 研究了黏性力对射流的影响，得到了黏性射流最大不稳定性比值：

$$\frac{\lambda}{d_0} = \pi \cdot \sqrt{2} \cdot \left(1 + \frac{3\mu_1}{\sqrt{\rho_1 \sigma d_0}}\right)^{0.5} \tag{4-18}$$

式中，μ_1 为液体的黏度；ρ_1 为液体的密度；σ 为表面张力；d_0 为喷孔直径。

液滴破碎后受到气体扰动和自身表面张力的影响，尺寸有所不同，用韦伯数

We 来衡量此影响因素：

$$We = \frac{\rho_A U_0^2 d_0}{\sigma} \tag{4-19}$$

式中，U_0 为射流速度；ρ_A 为环境气体密度。

对于内燃机，射流破碎后的液滴尺寸由液滴和发动机结构决定，用无量纲参数 Z 来描述。Z 是韦伯数 We 的平方根与雷诺数 Re 的比值：

$$Z = \frac{\sqrt{We}}{Re} = \frac{\mu_l}{\sqrt{\rho_l \sigma d_0}} \tag{4-20}$$

We 和 Z 通常被认为是液滴的破碎准则。

由此可见，对于液体燃料喷雾，喷射压力、喷孔直径、环境密度和温度、液体燃料的密度、表面张力及黏度对喷雾体的发展有决定性的影响。

当射流的不稳定性发展使射流破碎后，射流发展成为自由射流阶段，射流与周围介质发生动量与质量交换，周围介质卷吸到射流边界层内，使射流混合区厚度增大，燃油的雾化和蒸发加速了这一过程。在这一阶段，射流的贯穿速度不断减小。

对于柴油机，由于燃烧室空间所限，近场区（液核区和发展中区）尺寸已经与燃烧室半径相当，加之缸内气体流动的非定常性，故喷雾场一般不能达到充分发展区。

4.3.1　油滴碰撞模型

喷雾油滴假设有 N 个，则每一步长内可能产生的碰撞对象有 $N-1$ 个，则每一步长可能的碰撞对象有 $\frac{1}{2}N^2$ 个，然而对于实际喷射，由于雾化产生的油滴数目高达数百万，采用计算机计算还不是十分实用，需要非常大容量和高速的计算机配置。这里采用统计法来建立碰撞的方程，即将一群油滴看做是一个油滴组，例如将 1000 个油滴作为一个油滴组，由于计算量与油滴数目的平方成正比，则碰撞的计算数量将减少 10^6 倍。Rourke 通过研究发现只有两个在同一连续区域内的油滴才可能发生碰撞，这个结论使得即使相邻但不在同一连续区域中的两个油滴也不能发生碰撞。虽然这个结论也使得相邻较远的油滴在理论计算上发生可能碰撞，但是实际计算的精度完全能达到要求。

假设有两个油滴，油滴半径分别为 r_1、r_2（假设 $r_1 > r_2$），小油滴 2 相对于大油滴 1 的运动速度为 v_r。如果发生碰撞，小油滴 2 应在 $r_1 + r_2$ 的中心距离之内与大油滴发生碰撞，发生碰撞的区域面积为 $\pi(r_1 + r_2)^2$，则一个步长内发生碰撞的体积为 $\pi(r_1 + r_2)^2 v_r \Delta t$，如果连续区域的体积为 V，则单个油滴发生碰撞的概率为 $\dfrac{\pi(r_1 + r_2)^2 v_r \Delta t}{V}$。如果聚集滴有 n_1 个大油滴，小油滴群 2 有 n_2 个小油滴，那么聚集滴被碰撞的平均预期次数为 $\bar{n}_1 = \dfrac{n_2 \pi (r_1 + r_2)^2 v_r \Delta t}{V}$ ，然而实际中的碰撞概率不是简单的平均概率，Rourke 计算规则遵守泊松（Poisson）分布，n 为聚集滴与其他油滴碰撞的总次数，总的碰撞概率为：

$$p(n) = \mathrm{e}^{-n_1} \frac{n_1^n}{n!} \tag{4-21}$$

两个油滴组碰撞，如果正面相撞则会形成一个油滴组聚合，若偏斜碰撞就会形成反弹。碰撞的临界偏移量由油滴组半径和碰撞的韦伯（Weber）数决定，公式如下：

$$b_c = (r_1 + r_2) \sqrt{\min\left(1.0, \frac{2.4f}{We}\right)} \tag{4-22}$$

$$f = \left(\frac{r_1}{r_2}\right)^3 - 2.4\left(\frac{r_1}{r_2}\right)^2 + 2.7\left(\frac{r_1}{r_2}\right)$$

$$We = \frac{\rho_f |v_r| r_2}{\alpha T_d}$$

$$T_d = \frac{r_1^3 T_{d1} + r_2^3 T_{d2}}{r_1^3 + r_2^3}$$

式中，α 为油滴组内滴群平均表面张力系数；T_{d1}、T_{d2} 分别为两个油滴组的温度。碰撞区域的实际半径 $b = (r_1 + r_2)\sqrt{y}$，y 是变形参量，$y = \dfrac{r_1}{r_2}$。当 $b < b_c$ 时，两油滴组聚合；当 $b \geqslant b_c$ 时，油滴组反弹，改变油滴组运动速度和方向。

4.3.2 油滴蒸发模型

燃油蒸发的初始直径采用 Sauter 平均直径表示。破碎后的油滴的大小由破碎前油滴能量与破碎后油滴能量相等计算得到。破碎前的油滴能量根据 Rourke[136] 提出的计算公式为：

$$E_0 = 4\pi r^2 \sigma + k \frac{\pi}{5} \rho_1 r^5 \left[\left(\frac{\mathrm{d}y}{\mathrm{d}t}\right)^2 + \omega^2 y^2\right] \tag{4-23}$$

式中，k 为基本模型中的液滴变形产生的能量与振动能量的比，一般取两者能量之比的 $\dfrac{10}{3}$ 次方；ρ_1 为离散液相密度；r 为初始时刻液滴半径。

破碎后的油滴能量为：

$$E_C = 4\pi r^2 \sigma \frac{r}{r_{32}} + \frac{\pi}{6} \rho_1 r^5 \left(\frac{\mathrm{d}y}{\mathrm{d}t}\right)^2 \tag{4-24}$$

式中，r_{32} 为 Sauter 平均半径。联系求解式（4-23）和式（4-24），设 $\omega^2 = \dfrac{8\sigma}{\rho_1 r^3}$，$y = 1$，系数的大小依照文献 [143] 选取，得到以下 Sauter 半径：

$$r_{32} = \cfrac{r}{1 + \cfrac{8Ky^2}{20} + \cfrac{\rho_1 r^3 \left(\cfrac{dy}{dt}\right)^2}{\sigma} \cdot \cfrac{6K - 5}{120}} \qquad (4-25)$$

$$y(t) = We_c + e^{-\frac{t}{t_d}} \left[(y_0 - We_c)\cos(\omega t) + \frac{1}{\omega}\left(\frac{dy_0}{dt} + \frac{y_0 - We_c}{t_d}\right)\sin(\omega t) \right]$$

$$We_c = \frac{1}{12} \cdot \frac{\rho_g u^2 r}{\sigma}$$

$$t_d = 0.4 \frac{\rho_1 r^2}{\mu_1}$$

$$\omega^2 = \frac{8\sigma}{\rho_1 r^3} - \frac{1}{t_d^2}$$

式中，ρ_g 为连续液相密度；σ 为液滴表面张力；μ_1 为液滴黏度。

按油滴初始半径和分布公式，将油滴半径分布离散化为 8 组，得分布表，见表 4-1。

表 4-1 油滴半径分布表

油滴直径范围	平均直径	质量比例
$(0 \sim 0.5)\overline{D}_{SM}$	$0.25\overline{D}_{SM}$	0.067535
$(0.5 \sim 1.0)\overline{D}_{SM}$	$0.75\overline{D}_{SM}$	0.288594
$(1.0 \sim 1.5)\overline{D}_{SM}$	$1.25\overline{D}_{SM}$	0.304102
$(1.5 \sim 2.0)\overline{D}_{SM}$	$1.75\overline{D}_{SM}$	0.189901
$(2.0 \sim 2.5)\overline{D}_{SM}$	$2.25\overline{D}_{SM}$	0.091305
$(2.5 \sim 3.0)\overline{D}_{SM}$	$2.75\overline{D}_{SM}$	0.037562
$(3.0 \sim 3.5)\overline{D}_{SM}$	$3.25\overline{D}_{SM}$	0.011927
$3.5\overline{D}_{SM}$ 以上	$\geqslant 3.75\overline{D}_{SM}$	0.009094

注：$\overline{D}_{SM}$ 为油滴平均直径。

从表 4-1 可见，绝大多数油滴都集中在 Sauter 半径之间，因此总油滴数目为：

$$N = \left(\frac{d_0}{r_{32}}\right)^3 \qquad (4-26)$$

由动量守恒知道，油滴破碎前后的原始动量保持不变，因此有初始油滴速度公式：

$$v_0 = \frac{dx}{dt} = 0.5r\left(\frac{dy}{dt}\right)$$

油滴破碎微粒后，各微粒速度大小为：

$$v = k_c v_0 \qquad (4-27)$$

式中，k_c 为扰动系数，在柴油机喷油运动中，k_c 为经验值，由于在运动中，扰动较大，取 $k_c = 1.2$。

4.3.3 油滴阻力模型

喷油在蒸发破碎过程中，油滴受到阻力的作用，这种力使得油滴扭曲变形或者保持球形，阻力系数公式为[137]：

$$C_{d,s} = \begin{cases} \dfrac{24}{Re}\left(1 + \dfrac{1}{6}Re^{\frac{2}{3}}\right) & Re \leqslant 1000 \\ 0.424 & Re > 1000 \end{cases} \qquad (4-28)$$

则阻力计算为：

$$f_z = C_{d,s} \cdot \frac{3}{8} \cdot \frac{\rho_1}{\rho_d} \cdot \left(\frac{dy}{dt}\right)^2 \qquad (4-29)$$

4.3.4 油滴喷雾液相模型[138~140]

燃油喷射雾化的雷诺数及湍流气穴参数计算如下：

$$Re = \frac{\rho_f d_0}{\mu}\sqrt{\frac{2\Delta p}{\rho_1}} \qquad (4-30)$$

$$K = \frac{p_1 - p_v}{\Delta p} \qquad (4-31)$$

$$\Delta p = \frac{\rho_f U_{jet}^2}{2C_d^2}$$

$$U_{jet} = \frac{4Q_f}{\pi d_0^2 N \rho_f \Delta t_{inj}}$$

式中，μ 为燃油黏度；p_v 为燃油蒸汽压力；p_1 为喷管上游压力；Δp 为喷油压差；U_{jet} 为喷油速度；Q_f 为每缸循环供油量；d_0 为喷孔直径；N 为喷孔数；ρ_f 为燃油平均密度；Δt_{inj} 为喷油持续时间；C_d 为流量系数，在 $0.7 \sim 0.8$ 之间取值。

燃油喷射雾化后的运动，可以看做是一定数量油滴的运动过程，用概率密度函数描述为：

$$f(\boldsymbol{x}, \boldsymbol{v}, r, T_d, y, \dot{y}, t)d\boldsymbol{v}drdT_ddyd\dot{y} \qquad (4-32)$$

从式（4-32）可见，函数中含有油滴位移分量，各方向的速度分量，油滴半径、温度，由于受力产生的球形变形量和变形率以及时间。该式的物理意义是在 t 时刻，在 $\boldsymbol{x}$ 处，速度为 $(\boldsymbol{v}, \boldsymbol{v} + d\boldsymbol{v})$，半径为 $(r, r + dr)$，温度为 $(T_d, T_d + dT_d)$，油滴变形参数在 $(y, y + dy)$ 和 $(\dot{y}, \dot{y} + d\dot{y})$ 内，单位体积内由于喷射雾化而产生的油滴数目。式中，$\dot{y} = \dfrac{dy}{dt}$。

油滴概率密度函数受到燃油液滴雾化碰撞、破碎等的影响，同时，分布密度状态也影响着喷雾与气相之间的质量、动量和能量的交换。

概率密度函数通过如下的喷雾方程计算得到：

$$\frac{\partial f}{\partial t} + \nabla_x \cdot (f v) + \nabla_v \cdot (f F) + \frac{\partial}{\partial r}(f R) + \frac{\partial}{\partial T_d}(f \dot{T}_d) + \frac{\partial}{\partial y}(f \dot{y}) + \frac{\partial}{\partial \dot{y}}(f \ddot{y}) = \dot{f}_c + \dot{f}_b$$

$$(4-33)$$

式中，F、R、$\dot{T}_d$、$\ddot{y}$ 分别为单个油滴加速度、油滴半径、油滴温度、油滴变形率的加速度；$\dot{f}_c$ 为油滴碰撞产生的源项；$\dot{f}_b$ 为油滴破碎产生的源项。

单个油滴的加速度 F 的计算通过空气动力阻力和油滴重力得到，计算如下：

$$F = \frac{3}{8} \cdot \frac{\rho}{\rho_d} \cdot \frac{|u + u' - v|}{r} \cdot (u + u' - v) C_{d,s} + g \qquad (4-34)$$

式中，ρ_d 为油滴密度；u 为气相平均速度；u' 为气相平均速度脉动量；g 为油滴重力加速度；$C_{d,s}$ 为油滴阻力系数，其计算在油滴阻力模型中详述。

油滴半径变化率计算为：

$$R = -\frac{(\rho D)_{air}(\hat{T})(Y_1^* - Y_1)}{2\rho_d r(1 - Y_1^*)} \cdot Sh \qquad (4-35)$$

式中，Y_1^* 为油滴表面燃油蒸汽质量分数；Y_1 为气相中燃油蒸汽质量分数，$Y_1 = \frac{\rho_1}{\rho}$；$\hat{T} = \frac{T + 2T_d}{3}$；$(\rho D)_{air}(\hat{T})$ 为燃油蒸汽在空气中的扩散率；Sh 是 Sherwood 数，其计算公式为：

$$Sh = (2 + 0.6 Re_d^{\frac{1}{2}} Sc_d^{\frac{1}{3}}) \cdot \frac{\ln(1 + B_d)}{B_d} \qquad (4-36)$$

其中，$Sc_d = \frac{\mu_a(\hat{T})}{\rho D_a(\hat{T})}$；$B_d = \frac{Y_1^* - Y_1}{1 - Y_1^*}$。

油滴表面的燃油蒸汽质量分数为：

$$Y_1^*(T_d) = \frac{W_1}{W_1 + W_0 \left[\frac{p}{p_v(T_d)} - 1\right]} \qquad (4-37)$$

式中，W_1 为燃油液滴分子量；W_0 为其他组分分子量；$p_v(T_d)$ 为温度 T_d 下的燃油蒸汽压力。油滴温度变化率的计算通过能量平衡方程计算得到：

$$\rho_d \cdot \frac{4}{3} \pi r^3 C_1 \dot{T}_d - \rho_d 4\pi r^2 R L(T_d) = 4\pi r^2 Q_d \qquad (4-38)$$

式中，C_1 为燃油的比热；$L(T_d)$ 为燃油汽化潜热；Q_d 为单位油滴表面积的传热率，其计算由 Ranz – Marshall 关系式得到：

$$Q_d = \frac{K_{air}(\hat{T})(T - T_d)}{2r} \cdot Nu_d \qquad (4-39)$$

$$Nu_d = (2 + 0.6 Re_d^{\frac{1}{2}} Pr_d^{\frac{1}{3}}) \cdot \frac{\ln(1 + B_d)}{B_d}$$

$$Pr_d = \frac{\mu_{air}(\hat{T}) \cdot C_p(\hat{T})}{K_{air}(\hat{T})}$$

$$K_{air}(\hat{T}) = \frac{K_1 \cdot \hat{T}^{\frac{3}{2}}}{\hat{T} + K_2}$$

式中，C_p 为温度 $\hat{T}$ 时的定压比热；K_1、K_2 为常数。

油滴变形率的加速度由强迫阻尼谐振方程计算得到：

$$\ddot{y} = \frac{2}{3} \frac{\rho}{\rho_d} \frac{(u + u' - v)^2}{r^2} - \frac{8\sigma(T_d)}{\rho_d \cdot r^3} y - \frac{5\mu_1(T_d)}{\rho_d \cdot r^2} \dot{y} \tag{4-40}$$

式中，$\mu_1(T_d)$ 为燃油液滴黏度；$\sigma(T_d)$ 为燃料的表面张力。

油滴碰撞源项为：

$$\dot{f}_c = \frac{1}{2} \iint f(x, v_1, r_1, T_{d1}, y_1, \dot{y}_1, t) f(x, v_2, r_2, T_{d2}, y_2, \dot{y}_2, t) \pi(r_1 + r_2) \cdot |v_1 - v_2|$$

$$[\sigma(v, r, T_d, y, \dot{y}, v_1, r_1, T_{d1}, y_1, \dot{y}_1, v_2, r_2, T_{d2}, y_2, \dot{y}_2) -$$

$$\delta(v - v_1)\delta(r - r_1)\delta(T_d - T_{d1})\delta(y - y_1)\delta(\dot{y} - \dot{y}_1) -$$

$$\delta(v - v_2)\delta(r - r_2)\delta(T_d - T_{d2})\delta(y - y_2)\delta(\dot{y} - \dot{y}_2)]$$

$$dv_1 dr_1 dT_{d1} dy_1 d\dot{y}_1 dv_2 dr_2 dT_{d2} dy_2 d\dot{y}_2 \tag{4-41}$$

式中，σ 为油滴碰撞转换概率函数，其定义为 $\sigma dv dr dT_d dy d\dot{y}$ 表示油滴 1 和油滴 2 碰撞后产生的可能油滴数目。

油滴破碎源项为：

$$\dot{f}_b = \int f(x, v_1, r_1, T_{d1}, y_1, \dot{y}_1, t) \dot{y}_1 B(v, r, T_d, y, \dot{y}, v_1, r_1, T_{d1}, \dot{y}_1, x, t) dv_1 dr_1 dT_{d1} d\dot{y}_1 \tag{4-42}$$

式中，B 为油滴破碎转换概率函数，其定义为 $B dv_1 dr_1 dT_{d1} dy d\dot{y}_1$ 表示油滴破碎后产生的可能油滴数目。油滴破碎后的半径分布服从 χ^2 分布，即分布函数为：

$$g(r) = \frac{1}{\bar{r}} e^{-\frac{r}{\bar{r}}} \tag{4-43}$$

$$\bar{r} = \frac{r_{32}}{3}$$

式中，r_{32} 为 Sauter 平均半径。

破碎后的小油滴速度为：

$$w = \frac{1}{2} r_1 \dot{y}_1 \tag{4-44}$$

则破碎转换概率函数 B 为：

$$B = g(r)\delta(T_d - T_{d1})\delta(y)\delta(\dot{y}) \frac{1}{2\pi} \int \delta[v - (v_1 + wn)] dn \tag{4-45}$$

4. 3. 5　离散相与连续相联系方程

喷油在空气中蒸发扩散时，不断与空气均匀混合，融为一体，喷雾油滴不断被空气吸收，其能量也不断被空气相吸收；离散的油滴相与连续气相在过程中互相交换动量、热量与质量，其联系方程如下：

$$F = \sum \left(\frac{3\mu C_D Re}{4\rho_p d_p^2}(u_p - u) + F_e \right) \dot{m}_p \Delta t \tag{4-46}$$

$$Q = \left[\frac{\overline{m}_p}{m_{p,0}} c_p \Delta T_p + \frac{\Delta m_p}{m_{p,0}} \left(-h_{fg} + h_{py} + \int_{T_r}^{T_p} c_{p,i} \mathrm{d}T \right) \right] \dot{m}_{p,0} \tag{4-47}$$

$$M = \frac{\Delta m_p}{m_{p,0}} \dot{m}_{p,0} \tag{4-48}$$

式中，μ 为系统流体黏度；ρ_p 为离散滴密度；d_p 为离散液滴直径；u_p 为离散液滴速度；u 为系统流动速度；C_D 为阻力系数；$\dot{m}_p$ 为离散液滴质量流率；Δt 为时间步长；F_e 为其他交互作用力；$\overline{m}_p$ 为计算体积内的离散液滴平均质量；$m_{p,0}$ 为离散液滴初始质量；c_p 为离散相比热；ΔT_p 为计算体积内的温度变化；Δm_p 为计算体积内的质量变化；h_{fg} 为蒸发液滴潜热；h_{py} 为蒸发液滴高温分解热；$c_{p,i}$ 为蒸发液滴比热；$\dot{m}_{p,0}$ 为喷雾质量流率。

4.4　化学动力学反应

燃烧现象的本质是复杂的化学反应。对于甲醇－生物柴油－柴油混合燃料燃烧而言，其主要的燃烧成分是甲醇、生物柴油和柴油。由燃烧化学反应动力学理论可知，燃料燃烧必须发生分子间的碰撞，并且碰撞后达到活化能的分子才能发生反应。根据以上理论，对研究燃料燃烧的化学反应动力学做如下分子运动和碰撞的假设[141]：

（1）分子为弹性体，发生碰撞前后的能量守恒。

（2）只有在合适的方向上，碰撞的一部分分子达到有效碰撞，发生化学反应。

（3）温度和压力越高，有效碰撞的频率越高，反应的速度越快。

甲醇－生物柴油－柴油混合燃料缸内燃烧过程的机理极其复杂，包含了大量的基元反应和中间产物，虽然已经有很详尽的柴油气相化学动力学机理[142]资料可供利用，但是还没有将该反应机理应用到柴油机的三维数值仿真中，特别是应用于柴油机的湍流燃烧中，因为如果对每一种参与反应的物质均要写出组分守恒方程，将使整个微分方程的求解不胜其烦，所以还必须对详细化学动力学机理做必要的简化，然后应用于三维燃烧计算中。

4.4.1 基元反应

假设甲醇－生物柴油－柴油混合燃料体系中有 M 种元素 N 种组分，A_i 表示第 i 种组分，B_j 表示第 j 种元素，α_{ij} 为反应组分系数，表示第 i 种组分中 j 元素的摩尔数，则第 i 种组分可以表示为：

$$A_i = \sum_{j=1}^{M} \alpha_{ij} B_j \quad i = 1, 2, \cdots, N \tag{4-49}$$

将反应组分 A_i（包括化合物和自由基）看做对应组分系数 α_{ij} 的线性独立矢量，则含 N 种反应组分的反应总系统可以写成 $N \times M$ 阶元素矩阵，每一种组分的反应方程式都可以写成由反应物到生成物的方程，假设一共有 R 个反应，有：

$$\sum_{i=1}^{N} \alpha_{ri} A_i = 0 \quad r = 1, 2, \cdots, R \tag{4-50}$$

式中，α_{ri} 为化学计量系数，表示 r 反应中组分 i 的摩尔数，反应物为正，生成物为负，对某一化学反应式，化学计量系数 α_{ri} 互质。把化学反应式的化学计量系数写成行矢量，组分写成列矢量，即写成 $R \times N$ 矩阵，在所表示的矩阵中，全部转化为独立方程或用独立方程来线性表示。设该组分矩阵的秩为 H，则线性独立反应数 R 为：

$$0 < R \leqslant N - H$$

对任一化学反应，反映系统中的反应组分系数矩阵的线性独立矢量可写成：

$$\sum_{i=1}^{N} \alpha_i A_i = 0 \tag{4-51}$$

式（4-49）~式（4-51）可换写为：

$$\sum_{i=1}^{N} \alpha_{ij} \alpha_i = 0 \quad j = 1, 2, \cdots, N \tag{4-52}$$

由于组分矩阵的秩为 H，所以所有组分的反应都可以用这 H 个组分的反应表示，即

$$\sum_{i=1}^{H} \alpha_{ij} \alpha_i = \sum_{i=H+1}^{N} \alpha_{ij} \alpha_i \quad j = 1, 2, \cdots, N \tag{4-53}$$

式（4-53）用矩阵形式表示为：

$$
\begin{bmatrix}
\alpha_{11} & \alpha_{21} & \cdots & \alpha_{H1} \\
\alpha_{12} & \alpha_{22} & \cdots & \alpha_{H2} \\
\vdots & \vdots & \vdots & \vdots \\
\alpha_{1M} & \alpha_{2M} & \cdots & \alpha_{HM}
\end{bmatrix}
\times
\begin{bmatrix}
\alpha_1 \\
\alpha_2 \\
\vdots \\
\alpha_H
\end{bmatrix}
=
\begin{bmatrix}
\sum_{i=H+1}^{N} (\alpha_i \alpha_{i1}) \\
\sum_{i=H+1}^{N} (\alpha_i \alpha_{i2}) \\
\vdots \\
\sum_{i=H+1}^{N} (\alpha_i \alpha_{iM})
\end{bmatrix}
\tag{4-54}
$$

这样可以解得 R 个线性独立矢量，每一个线性独立矢量即是化学反应计量系数矩阵的行矢量，并且对应一个化学反应方程式，这样就可以得到对应于所选反应组分下的所有化学反应方程式；每选择一组基础反应组分，就得到对应的所有化学反应方程式，则经过 C_N^H 次循环选取后，就得到所有可能理论上存在的化学反应方程式。

对于所有反应，这只是理论上存在的，具体反应与否，还与温度、压力和其他热力学性质有关，所以应对所有的反应方程式进行分析判断。

4.4.2   反应机理的敏感性分析

碳氢燃料燃烧的详细反应机理由几千个基元反应所组成。针对具体的问题，很多反应是可以忽略的。删除可忽略反应的方法有敏感性分析法、本征矢量分析法以及反应流向分析法等，本书采用敏感性分析法。

从数学上讲，化学反应体系的敏感性分析就是确定参数和初始条件的不确定性对常微分方程的解所产生的影响。一般说来，参与一级反应的物种浓度可由总的向量常微分方程和初始条件来描述。对于有 s 种物质和 r 个反应组成的系统，对第 i 个物质的反应速率可表达如下：

$$\frac{\mathrm{d}\boldsymbol{c}_i}{\mathrm{d}t} = f_i(\boldsymbol{c}_1, \cdots, \boldsymbol{c}_s; \boldsymbol{k}_1, \cdots, \boldsymbol{k}_r)$$

$$\boldsymbol{c}_i(0) = \boldsymbol{c}_i^0 \qquad\qquad (4-55)$$

式中，$\boldsymbol{c}_i$ 为浓度的 s 维向量；$\boldsymbol{k}$ 为与时间无关参数的 r 维向量，它与速度常数、活化能等有关；t 为独立变数。

现在的问题是，在起始条件不变的情况下，各系统参数 $\boldsymbol{k}$ 的变化对 $\boldsymbol{c}$ 的解有何影响。显然，有的 $\boldsymbol{k}_j$ 的值的变化对 $\boldsymbol{c}_i$ 的解有很大的影响。人们把 $\boldsymbol{c}$ 的解对 $\boldsymbol{k}$ 的依赖程度称作敏感性。

敏感性分为绝对敏感性和相对敏感性，分别定义为：

$$\boldsymbol{E}_{i,r} = \frac{\partial \boldsymbol{c}_i}{\partial \boldsymbol{k}_r} \quad \text{和} \quad \boldsymbol{E}_{i,r}^{\mathrm{rel}} = \frac{\boldsymbol{k}_r}{\boldsymbol{c}_i}\frac{\partial \boldsymbol{c}_i}{\partial \boldsymbol{k}_r} = \frac{\partial \ln \boldsymbol{c}_i}{\partial \ln \boldsymbol{k}_r} \qquad (4-56)$$

在很多做敏感性分析的场合，敏感性的偏微分方程也无法求解。为此，敏感性分析转而对 $\frac{\partial \boldsymbol{c}_i}{\partial \boldsymbol{k}_r}$ 的微分项进行，由式（4 – 55）可得：

$$\frac{\partial}{\partial \boldsymbol{k}_r}\left(\frac{\partial \boldsymbol{c}_i}{\partial \boldsymbol{k}_r}\right) = f_i(\boldsymbol{c}_1, \cdots, \boldsymbol{c}_s; \boldsymbol{k}_1, \cdots, \boldsymbol{k}_r)$$

$$\frac{\partial}{\partial t}\left(\frac{\partial \boldsymbol{c}_i}{\partial \boldsymbol{k}_r}\right) = \left(\frac{\partial f_i}{\partial \boldsymbol{k}_r}\right)_{\boldsymbol{c}_1, \boldsymbol{k}_1 \neq r} + \sum_{n=1}^{s}\left[\left(\frac{\partial f_i}{\partial \boldsymbol{c}_n}\right)_{\boldsymbol{c}_1 \neq n, \boldsymbol{k}_1}\left(\frac{\partial \boldsymbol{c}_n}{\partial \boldsymbol{k}_r}\right)_{\boldsymbol{k}_1 \neq r}\right]$$

$$\frac{\partial}{\partial t}\boldsymbol{E}_{i,r} = \left[\frac{\partial f_i}{\partial \boldsymbol{k}_r}\right]_{\boldsymbol{c}, \boldsymbol{k}_1 \neq r} + \sum_{n=1}^{s}\left\{\left(\frac{\partial f_i}{\partial \boldsymbol{c}_n}\right)_{\boldsymbol{c}_1 \neq n, \boldsymbol{k}_1}\boldsymbol{E}_{n,r}\right\} \qquad (4-57)$$

在上述方程中，所有偏微分中 c_1 保持不变，$c_{1\neq n}$ 表示除 c_n 外，所有 c_1 保持不变，这样微分方程可以求解。目前已有成熟的软件包用于敏感性分析。

应用敏感性分析法对复杂的混合燃料的燃烧机理进行简化，共得到 23 个组分 61 个核心反应，组分包括 H、O_2、OH、O、H_2、H_2O、HO_2、H_2O_2、N_2、CO、CO_2、CH_3、CH_2O、HCO、CH_3O、CH_3HCO、C_3H_6、C_7H_{16}、C_7H_{15}、CH_2OH、CH_3OH、N、CH_4。61 个核心反应见附录。

4.4.3 热力学 – 化学动力学反应

在多维模型中，甲醇 – 生物柴油 – 柴油混合燃料燃烧简单化学基元反应可表示为：

$$\sum_{j=1}^{M} \alpha_{ij}^{f} \cdot S_j \Leftrightarrow \sum_{j=1}^{M} \alpha_{ij}^{b} \cdot S_j \quad j = 1,2,\cdots,M \quad (4-58)$$

式中，α_{ij} 为反应组分系数，表示第 i 种组分在第 j 个反应中的化学计量数；S_j 为第 j 种组分。k_f、k_b 分别为正、逆反应的反应速率，有关系式：

$$k_f = A_i T^{B_i} \exp\left(-\frac{E_i}{R}\right) \quad (4-59)$$

$$k_b = \frac{k_f}{k_c} \quad (4-60)$$

式中，A_i、B_i、E_i 为第 i 个化学反应的化学反应常数；k_c 为反应平衡常数。

根据质量作用原理，则第 i 种组分在第 j 个反应中的正向和逆向反应速度分别为：

$$R_{ij}^{f} = (\alpha_{ij}^{b} - \alpha_{ij}^{f})k_f \prod_{j=1}^{N}[c_i]^{\alpha_{ij}^{f}} \qquad R_{ij}^{b} = (\alpha_{ij}^{f} - \alpha_{ij}^{b})k_b \prod_{j=1}^{N}[c_i]^{\alpha_{ij}^{b}}$$

因此，组分 i 在第 j 个反应中的总反应速度为：

$$R_{ij} = R_{ij}^{f} + R_{ij}^{b} = (\alpha_{ij}^{b} - \alpha_{ij}^{f})\left[k_t\prod_{j=1}^{N}[c_i]^{\alpha_{ij}^{f}} - k_b\prod_{j=1}^{N}[c_i]^{\alpha_{ij}^{b}}\right] \quad (4-61)$$

在系统 N 个反应中，组分 i 在整个系统中的反应速度为：

$$R_i = \sum_{j=1}^{N} R_{ij} \quad (4-62)$$

如果系统中共有 M 种组分，则系统中物质燃烧释放的总的能量为：

$$Q = \sum_{j=1}^{N}\sum_{i=1}^{M}(\alpha_{ij}^{b} - \alpha_{ij}^{f})\Delta h_{ij}\Delta c_i \quad (4-63)$$

式中，Δh_{ij} 为组分 i 在反应 j 中的摩尔生成焓；Δc_i 为组分 i 的体积摩尔浓度变化，即反应结束后与反应前组分 i 的体积浓度变化。

在燃烧中，碳氢燃料 C_nH_{2n+2} 总是遵循以下规律：首先依靠 OH 自由基和 O 自由基从燃料中脱 H，生成 H_2O、碳氧中间产物、H_2 和 CO，然后 H_2 和 CO 再氧化成 H_2O 和 CO_2。甲醇燃烧反应机理是：首先分子内脱水裂解形成 C 和 H_2，然后 C 和 H_2 再氧化成 H_2O 和 CO_2。因此对于甲醇-生物柴油-柴油混合燃料可以用 C、H、O 三种元素组合 $C_xH_yO_z$ 来表示其混合物，其全局反应为：

$$C_xH_yO_z + \left(x + \frac{y}{4} - \frac{z}{2}\right)(O_2 + 3.76N_2) \longrightarrow xCO_2 + \left(\frac{y}{2}\right)H_2O + 3.76\left(x + \frac{y}{4} - \frac{z}{2}\right)N_2$$

$$(4-64)$$

柴油机属于扩散燃烧，燃料喷入汽缸内立刻燃烧，其燃烧反应速率远远大于组分间的混合速率，则混合速度可以忽略不计。由 Arrhenuis[153] 定律知道，其燃烧湍流速率为：

$$\tilde{R}_i = -A\rho^2 \overline{m}_i \overline{m}_o e^{-\frac{E}{R\bar{T}}}$$

$$(4-65)$$

式中，$\tilde{R}_i$ 为系统反应速率；A 为反应频率因子；$\overline{m}_i$、$\overline{m}_o$ 为燃料、氧化剂质量分数；E 为燃料平均活化能；R 为通用气体常数；$\bar{T}$ 为系统平均温度。

4.5 排放模型

4.5.1 氮氧化物排放模型

柴油机废气排放中的成分非常复杂，其中最主要的是氮氧化物，NO_x 是燃烧过程中氮的各种氧化物的总称，NO 的量占多数，NO_2 次之，其余很少。NO_x 生成的三个条件为高温、富氧、反应时间长。对于甲醇-生物柴油-柴油混合燃料，由于燃料中不含有 N 原子，因此，其生成的燃料类型引起的 NO 完全可以忽略，仅考虑由于温度和反应时间引起的 NO 生成。

NO 生成的质量输运方程与 NO 及其他相关组分的对流、扩散、生成和消耗等过程相联系。对于由温度和反应时间引起的 NO 生成，其输运方程为：

$$\frac{\partial}{\partial t}(\rho Y_{NO}) + \nabla \cdot (\rho v Y_{NO}) = \nabla \cdot (\rho D \nabla Y_{NO}) + S_{NO}$$

$$(4-66)$$

式中，ρ 为密度；Y_{NO} 为气相的 NO 的质量分数；S_{NO} 为 NO 生成产生的源项。由热力学 NO 生成机理，源项计算式为：

$$S_{NO} = M_{NO} \cdot \frac{d[NO]}{dt}$$

$$(4-67)$$

式中，M_{NO} 为 NO 的分子量；$\dfrac{d[NO]}{dt}$ 为 NO 浓度变化速率，可以根据 Zeldovich 扩展机理计算得到。

根据 Zeldovich 提出的 NO 生成的链反应机理为：

$$O_2 \Longleftrightarrow 2O \qquad\qquad (4-68)$$

$$O + N_2 \Longleftrightarrow NO + N \qquad\qquad (4-69)$$

$$N + O_2 \Longleftrightarrow NO + O \qquad\qquad (4-70)$$

Otto Uyehare 认为 NO 主要形成在火焰面前峰。Daniel W. Dickey 指出由于柴

油机燃烧的不均匀性，造成火焰温度偏高和 NO 排放。NO 的生成原理采用扩展的 Zeldovich 链反应原理可以得到：

$$N_2 + O \underset{k_{b1}}{\overset{k_{f1}}{\rightleftharpoons}} NO + N \tag{4-71}$$

$$N + O_2 \underset{k_{b2}}{\overset{k_{f2}}{\rightleftharpoons}} NO + O \tag{4-72}$$

$$N + OH \underset{k_{b3}}{\overset{k_{f3}}{\rightleftharpoons}} NO + H \tag{4-73}$$

式中，k_{f1}、k_{f2}、k_{f3} 为正向反应速率常数；k_{b1}、k_{b2}、k_{b3} 为逆向反应速率常数。这些反应的速率常数根据参考文献 [144] ~ [148] 选择如下：

$$k_{f1} = 1.8 \times 10^8 e^{-38370/T}, \quad k_{b1} = 3.8 \times 10^7 e^{-425/T}, \quad k_{f2} = 1.8 \times 10^4 e^{-4680/T}$$

$$k_{b2} = 3.8 \times 10^3 e^{-20820/T}, \quad k_{f3} = 7.1 \times 10^7 e^{-450/T}, \quad k_{b3} = 1.7 \times 10^8 e^{-24560/T}$$

则 NO 浓度变化速率是：

$$\frac{d[NO]}{dt} = k_{f1}[N_2][O] - k_{b1}[NO][N] + k_{f2}[N][O_2] -$$

$$k_{b2}[NO][O] + k_{f3}[N][OH] - k_{b3}[NO][H] \tag{4-74}$$

式中，浓度的单位为 mol/m^3；[ ] 表示组分的瞬时浓度。[O]、[OH]、[H]、[N] 的浓度从化学平衡反应计算得到。其中 [N] 的浓度很小，可以认为 [N] 始终处于平衡状态，即

$$\frac{d[H]}{dt} = k_{f1}[N_2][O] - k_{b1}[NO][N] - k_{f2}[N][O_2] +$$

$$k_{b2}[NO][O] - k_{f3}[N][OH] + k_{b3}[NO][H] = 0 \tag{4-75}$$

得到 [N] 的浓度计算式：

$$[N] = \frac{k_{f1}[N_2][O] + k_{b2}[NO][O] + k_{b3}[NO][H]}{k_{b1}[NO] + k_{f2}[O_2] + k_{f3}[OH]}$$

则

$$\frac{d[NO]}{dt} = \frac{2k_{f1}[NO]_{eq}[N]_{eq}\left[1 - \left(\frac{[NO]}{[NO]_{eq}}\right)^2\right]}{\dfrac{\dfrac{[NO]}{[NO]_{eq}}k_{f1}[NO]_{eq}[N]_{eq}}{k_{f2}[N]_{eq}[O_2]_{eq} + k_{f3}[N]_{eq}[OH]_{eq}} + 1} \tag{4-76}$$

式中，$[NO]_{eq}$、$[N]_{eq}$、$[O_2]_{eq}$、$[OH]_{eq}$ 分别为组分的平衡摩尔浓度。其中 $[OH]_{eq}$ 可以用 Zeldovich 机理第三个反应式计算得到：

$$[OH]_{eq} = 2.129 \times 10^2 T^{-0.57} e^{-\frac{4595}{T}} [O]_{eq}^{\frac{1}{2}} [H_2O]_{eq}^{\frac{1}{2}} \tag{4-77}$$

式中，T 的单位为 K；氧原子平衡浓度 $[O]_{eq}$ 根据 Westenberg[149] 表达式来获得：

$$[O]_{eq} = 3.97 \times 10^5 T^{-\frac{1}{2}} [O_2]_{eq}^{\frac{1}{2}} e^{-\frac{31090}{T}} \tag{4-78}$$

4.5.2 碳烟排放模型

柴油机的碳烟排放具体机理目前还在探索中。一般认为，形成的碳烟和颗粒是一种悬浮物质，其直径为 $0.1 \sim 10\mu m$，吸附有中间过渡产物、氧化合物、未燃油、硫酸盐和金属化合物等。传统的碳烟计算都是采用碳烟生成经验公式，本书认为碳烟的形成过程是先生成碳烟粒子，然后在粒子表面逐渐吸附烟灰，形成碳烟。因此采用双步模型来预测碳烟生成。

$$\frac{\partial}{\partial t}(\rho b_{nu}^*) + \nabla \cdot (\rho v b_{nu}^*) = \nabla \cdot \left(\frac{\mu_t}{\sigma_{nu}} \nabla b_{nu}^*\right) + \kappa_{nu}^* \qquad (4-79)$$

$$\frac{\partial}{\partial t}(\rho Y_{soot}) + \nabla \cdot (\rho v Y_{soot}) = \nabla \cdot \left(\frac{\mu_t}{\sigma_{soot}} \nabla Y_{soot}\right) + \kappa_{soot} \qquad (4-80)$$

式中，ρ 为密度；b_{nu}^* 为标准化后的基本碳烟粒子的浓度；μ_t 为系数；σ_{nu} 为碳烟粒子输运的普朗特数；κ_{nu}^* 为标准化后的碳烟粒子生成净速率；Y_{soot} 为烟灰质量分数；σ_{soot} 为烟灰输运的普朗特数；κ_{soot} 为烟灰形成的净速率。在输运方程中，碳烟粒子生成净速率为碳烟粒子生成速率和燃烧速率之差，即

$$\kappa_{nu}^* = \kappa_{nu,form}^* - \kappa_{nu,comb}^* \qquad (4-81)$$

式中，$\kappa_{nu,form}^*$ 为碳烟粒子生成速率；$\kappa_{nu,comb}^*$ 为碳烟粒子燃烧速率。

因为甲醇－生物柴油－柴油混合燃料在柴油机中的燃烧非常迅速，认为碳烟粒子的生成过程极快，不能像其他燃烧一样形成分支过程链，因此，将经验公式进行了改进，忽略分支项，得到碳烟粒子生成速率公式如下：

$$\kappa_{nu,form}^* = \frac{a_0}{10^{15}} c_{fuel} e^{-\frac{E}{RT}} - g_0 c_{nu}^* N_{soot} \qquad (4-82)$$

式中，a_0 为加速度常数，对于不同的燃料燃烧系统，应使用经验值作为输入，同时修改这些参数以得到更好的结果；c_{fuel} 为燃料浓度；g_0 为烟灰粒子的线性终止系数；c_{nu}^* 为标准化的碳烟粒子浓度；N_{soot} 为烟灰粒子的浓度。

对于燃料系统中的成分，燃烧的速率与浓度或者说质量分数应该成比例，因此可以推出：

$$\kappa_{nu,comb}^* = \kappa_{soot,comb} \frac{b_{nu}^*}{Y_{soot}} \qquad (4-83)$$

式中，$\kappa_{soot,comb}$ 为烟灰燃烧速率。可以通过烟灰燃烧速率得到碳烟粒子燃烧速率大小。

对于烟灰生成的净速率，也可以仿照碳烟粒子生成公式，为烟灰形成速率和烟灰燃烧速率之差，得到：

$$\kappa_{soot} = \kappa_{soot,form} - \kappa_{soot,comb} \qquad (4-84)$$

因为烟灰是吸附在碳烟粒子形成的，因此，烟灰形成速率决定于基本粒子的浓

度，即

$$\kappa_{\mathrm{soot,form}} = m_{\mathrm{p}}(\alpha - \beta N_{\mathrm{soot}})c_{\mathrm{nu}} \tag{4-85}$$

式中，α、β 分别为常数；N_{soot} 为烟灰粒子浓度；m_{p} 是烟灰粒子的平均质量；c_{nu} 是基本粒子浓度：

$$c_{\mathrm{nu}} = \rho b_{\mathrm{un}} \tag{4-86}$$

烟灰的燃烧速率为：

$$\kappa_{\mathrm{soot,comb}} = \min\{\kappa_1, \kappa_2\} \tag{4-87}$$

$$\kappa_1 = A\rho Y_{\mathrm{soot}}\frac{\varepsilon}{k} \tag{4-88}$$

$$\kappa_2 = A\rho \left(\frac{Y_{\mathrm{OX}}}{\gamma_{\mathrm{soot}}}\right)\left(\frac{Y_{\mathrm{soot}}\gamma_{\mathrm{soot}}}{Y_{\mathrm{soot}}\gamma_{\mathrm{soot}} + Y_{\mathrm{fuel}}\gamma_{\mathrm{fuel}}}\right)\frac{\varepsilon}{k} \tag{4-89}$$

式中，A 为 Magnussen 模型中的常数；Y_{OX}、Y_{fuel} 为氧气和燃料的质量分数；γ_{soot}、γ_{fuel} 为烟灰和燃料燃烧的质量当量数，其取值分别为 2.68 和 3.65。

对于模型中的常数，除本书中修正系数或常数以外，一般取为经验值即可。

第5章

发动机试验台架测试系统的开发

5.1 内燃机测试

在内燃机测试中，主要是获取内燃机各项工作指标，包括动力性能指标、经济性能指标、运转性能指标和耐久可靠性指标[14]，这就需要测量多个相关参数，例如需要测定内燃机的功率、转矩、转速、燃料与润滑油消耗率、冷起动性能、机油温度、冷却水温、排气温度等参数，同时还要对发动机的转速、扭矩等参数进行控制，有的试验还需要测量供油压力、气缸压力、噪声、点火提前角及排气品质（CO、CH、NO_x）等参数。很显然，整个发动机的台架试验装置是一个完整的测控系统，而且是一个多点采集和控制的系统。

5.1.1 发动机试验台架简介

一个完善的发动机试验台架通常由测功机、操作台及电气控制系统、参数测量系统、数据处理系统、测试程序设定控制装置几部分组成。此外，为了满足测试工作需要，还应配置排放废气的抽风系统以及发动机节气门控制器等辅助设施。

台架试验是发动机性能的主要试验手段。在国内外无论是研究单位还是制造单位，研究水平越高，其台架试验设备也越先进。近年来随着对汽车产业能源节约和环境保护要求的不断提高，对试验台架的功能要求也越来越多。试验台架不仅要能进行稳定工况试验，还要能进行变工况试验；不但能进行耐久性试验，还应能够进行工况变化的瞬态试验；不但能测量发动机的动力性和经济性，还要能进行排放和其他特殊项目的测试。因此，发动机的台架试验技术随着汽车发动机产业的发展而不断发展。

5.1.2 发动机台架性能试验

进行发动机性能试验时，应按照国标《内燃机台架性能试验方法》（GB 1105.1～GB 1105.3—1987）的要求[15]。在试验过程中，对发动机按下述要求控制：冷却水温度为85±3℃；燃油温度为38±5℃；机油温度为95±5℃；进

气温度为 $50 \pm 2\,^{\circ}\!\mathrm{C}$。内燃机台架试验的基本测量参数见表 5 - 1，可根据试验和检查项目的需要以及内燃机的结构性能予以增减。

表 5 - 1　内燃机台架试验的基本测量参数

序号	测　量　参　数
1	大气压、环境温度（进气温度）和相对湿度
2	内燃机的进气压力
3	中冷器冷却介质进口和出口温度
4	内燃机转速
5	内燃机转矩
6	内燃机有效功率
7	燃油消耗及相应的测定时间
8	燃油消耗率
9	内燃机排气总管或涡轮增压器后的排气温度及绝对压力
10	涡轮增压器燃气进口温度和绝对压力
11	增压器或扫气泵转速
12	增压器或扫气泵出气口空气的绝对压力和温度
13	中冷器后的空气绝对压力和温度
14	排气支管的排气温度
15	汽缸压缩压力和最高爆发压力
16	内燃机机油压力和温度
17	增压器的机油进口压力和温度
18	机油冷却前后的机油压力和温度
19	内燃机冷却介质的进出口温度（包括中冷器冷却介质进口和出口温度）
20	喷油泵进口处柴油压力和温度
21	机油消耗量、机油消耗率或机油燃油消耗百分比
22	内燃机噪声
23	柴油机的排气烟度
24	排气中有害气体成分的平均比排放量，质量排放量，排放浓度
25	机械振动与曲轴扭转振动
26	活塞漏气量

注: 1. 当 $T_0 = 298\mathrm{K}$ 或 $25\,^{\circ}\!\mathrm{C}$，相对湿度 $\phi_0 = 30\%$ 时，水蒸气分压 $p_{sw0} = 1\mathrm{kPa}$（7.5mmHg），标准环境状况下，干气压 $p_{s0} = 99\mathrm{kPa}$（742.5mmHg）。p_{sw0} 为标准环境状况下的饱和蒸汽压，单位以 kPa（mmHg）表示。

2. 环境温度即进气温度。

3. 对于特殊使用环境的内燃机，可以补充规定其他的环境状况，但应加以说明，并经有关部门批准。例如应用于"无限航区"的船用内燃机（主机和辅机）应遵循国际船级协会（IACS）规定的环境状况，大气压 $p_x = 100\mathrm{kPa}$（750mmHg），相对湿度 $\phi_x = 60\%$，环境温度 $T_x = 318\mathrm{K}$ 或 $45\,^{\circ}\!\mathrm{C}$，中冷器冷却介质进口温度 $T_{cx} = 305\mathrm{K}$ 或 $32\,^{\circ}\!\mathrm{C}$。

5.1.2.1　试验用发动机的检查调整

试验用发动机的检查调整包括以下内容：

（1）发动机技术状况的检查。

（2）发动机与测功机的传动系统检查。

（3）发动机在台架上试运转前的检查。

5.1.2.2　试验项目

本书所涉及的试验项目有速度特性试验（外特性）、负荷特性试验及调速特性试验等。在标准中其相应的试验方法和测量项目的有关规定如下所述。

A　负荷特性试验

（1）试验目的：在规定的发动机恒定转速下，其他性能指标随负荷而变化的关系，评定发动机在相应负荷下的经济性。

（2）试验方法：在50%～80%的额定转速下，从小负荷开始，逐渐加大油门，保持发动机转速不变，进行测量，直至油门全开，适当安排 8 个以上合适的测量点分布。

（3）测量项目：进气状态、转速、转矩、燃油消耗量、燃油的辛烷值或十六烷值、柴油低热值及馏程。

B　外特性试验

（1）试验目的：评定发动机在全负荷下的动力、经济等性能。

（2）试验方法：油门全开、在发动机工作转速范围内，顺序地改变转速，进行测量。适当安排 8 个以上合适的测量点分布。

（3）测量项目：进气状态、转速、转矩、燃油消耗量、实测空气消耗量、排气烟度、噪声、排气温度、点火或喷油提前角、燃料的辛烷值或十六烷值、柴油低热值及馏程。

C　调速特性试验

（1）试验目的：在保持调速器手柄位置不动的前提下，评定发动机（柴油机）随转速和负荷变化的关系，分析柴油机的经济性等。

（2）试验方法：将内燃机调定在标定工况或超负荷功率工况下稳定运转。卸去全部负荷，使其转速达到最高空载转速或超负荷功率最高空载转速，然后逐步增加负荷，直至负荷增至上述工况。

（3）测量项目：进气状态、转速、转矩、燃油消耗量、各种温度指标等。

D 万有特性试验

（1）试验目的：评定发动机在各种工况下的经济性。

（2）试验方法：两种方法进行试验，可任选其一。

1）负荷特性法：在发动机工作转速范围内均匀地选择几个转速的测量点，参照负荷特性试验方法的规定，在选定的各种转速下进行负荷特性试验。

2）速度试验法：根据发动机的功率，选择几个均匀分布的油门开度的测量点，在每一种油门开度下，在发动机工作的范围内，顺序地改变转速进行测量，进行速度特性试验。

（3）测量项目：进气状态、转速、转矩、燃油消耗量、排气温度、油门开度、燃料的辛烷值或十六烷值等。

5.1.3 内燃机性能参数的主要特点

测量和分析内燃机基本性能参数和瞬态参数在内燃机的实验研究、性能改善、设计开发及故障诊断中起到至关重要的作用。

5.1.3.1 基本性能参数

一般在内燃机台架试验过程中，内燃机是在稳态工况下工作的，即内燃机的油门开度一定，负荷不变，因此内燃机转速和转矩基本保持一定，发动机的输出功率稳定。这时，影响内燃机工作的冷却水温度、机油温度处于热平衡状态，其值变化很小，当稍有变化时，通过加入冷却水而强制使内燃机的工作温度保持在一定范围内。在整个实验过程中，需要采样系统实时监控采集内燃机各处的温度、压力、转速、转矩等数据，如需测量内燃机冷却水的进口温度和出口温度、内燃机机油温度和压力、进气管进口温度、排气管内排气温度、进气流量、油门开度、油耗量、输出转速、输出转矩等。这些数据用于监测内燃机在整个实验过程中是否处于正常工作状态。根据《内燃机台架性能试验方法》（GB 1105—1987）中规定，这些参数必须在一定限制值范围内，所进行的内燃机试验才有效，才有研究价值和可比性。

5.1.3.2 基本性能参数

另一类内燃机性能参数是指与内燃机工作过程有关的瞬态（变）参数。无论内燃机是在稳定工况下还是在非稳定（变）工况下工作，精确地测量内燃机瞬态参数是内燃机测试中重要的工作之一。这些瞬态参数指内燃机在一个工作循环中，气缸内介质的压力随曲轴转角的变化即气缸压力或示功图、柴油机高压油管内燃油压力随曲轴转角变化以及喷油器针阀升程、排气瞬时温度、曲轴扭转振动波形随曲轴转角变化的规律等。首先，这些变量随时间或曲轴转角变化很快。例如发动机转速为 2000r/min，当按 $0.1°CA$ 采样时至少需要 $8.3\mu s$，即 120kHz 的采样频率。这就要求内燃机数据采集系统更具有实时性。可以在单个或多个内燃机工作循环内采集信号并存贮，实际上这由上止点（TDC）信号来定标完成。

5.2　传感器与数据采集系统理论

5.2.1　传感器的组成及分类

传感器是一个完整的测量装置（或系统），能把被测非电量转换为与之有确定对应关系的有用电量输出，以满足信息的传输处理、记录、显示和控制等要求，其组成如图 5-1 所示。

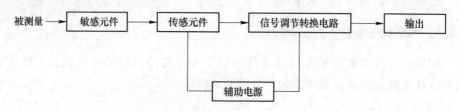

图 5-1　传感器的组成

传感器按工作原理可分为应变式、电感式、电容式、压电式、磁电式、光电式传感器以及气、湿、色敏传感器等。

5.2.2　数据采集系统理论

数据采集是指从传感器和其他待测设备等模拟和数字被测单元中自动采集信息的过程。数据采集系统结合基于计算机的测量软硬件产品来实现灵活的、用户自定义的测量系统。数据采集硬件组成如图 5-2 所示。

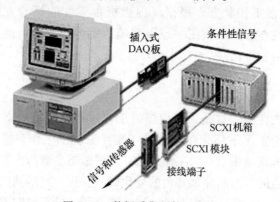

图 5-2　数据采集硬件组成图

5.2.2.1 数据采集系统结构

数据采集系统结构如图 5-3 所示。

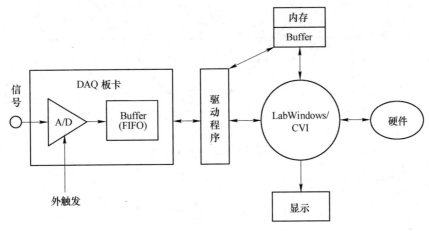

图 5-3　数据采集系统结构

5.2.2.2 信号 A/D、D/A 转换过程

把连续时间信号转换为与其相应的数字信号的过程称为模数（A/D）转换过程，反之则称为数模（D/A）转换过程。它们是数字信号处理的必要过程。A/D转换过程包括了采样、量化、编码，如图 5-4 所示。

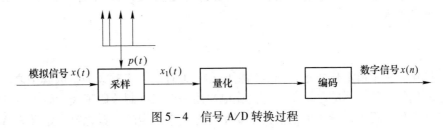

图 5-4　信号 A/D 转换过程

A　采样

采样又称抽样，是利用采样脉冲序列 $p(t)$，从连续时间信号 $x(t)$ 中抽取一系列离散样值，使之成为采样信号 $x(n\Delta t)$ 的过程。时间间隔 Δt 被称为采样间隔或者采样周期。它的倒数 $1/\Delta t$ 被称为采样频率 f_s，单位是采样数/s，$t=0$，Δt，$2\Delta t$，$3\Delta t$，$\cdots$。$x(t)$ 的数值就被称为采样值。所有 $x(0)$，$x(\Delta t)$，$x(2\Delta t)$，$\cdots$都是采样值。这样信号 $x(t)$ 可以用一组分散的采样值来表示：$\{\,x(0)$，$x(\Delta t)$，$x(2\Delta t)$，$x(3\Delta t)$，$\cdots$，$x(k\Delta t)$，$\cdots\}$。图 5-5 所示为一个模拟信号和它

采样后的采样值。采样间隔是 Δt，采样点在时域上是分散的。

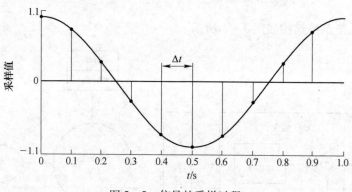

图5-5 信号的采样过程

采样脉冲序列：

$$p(t) = \delta_{T_s}(t) = \sum_{n=-\infty}^{\infty} \delta(t - nT_s) \qquad (5-1)$$

采样信号：

$$x_s(t) = x(t)p(t) \qquad (5-2)$$

采样定理：要使实信号采样后能够不失真还原，采样频率 ω_x 必须大于信号最高频率 ω_{max} 的两倍，即 $\omega_x \geqslant 2\omega_{max}$。采样定理又称奈奎斯特定理。实际工作中，为避免频谱混淆，采样频率总是选得比两倍信号最高频率 ω_{max} 更大些，一般 $\omega_x = (5 \sim 7)\omega_{max}$。同时，为避免高于折叠频率的杂散频谱进入采样器造成频谱混淆，采样器前常常加一个保护性的前置低通滤波器（抗混叠滤波），阻止高于 $\omega_x/2$ 的频率分量进入。

B 量化

量化又称幅值量化，把采样点的幅值在一组有限个离散电平中取其中之一来近似取代信号的实际电平。每一个量化电平用一个二进制数码来表示。

在量化过程中，量化的数值是依据量化电平来确定的。量化电平定义为 A/D 转换器的满量程电压（或称满度信号值）V_{FSR} 与 2 的 N 次幂的比值，其中 N 为数字信号 X_d 的二进制位数。量化电平一般用 Q 来表示，因此有：

$$Q = V_{FSR}/2^N \qquad (5-3)$$

C 编码

编码是指将离散幅值经过量化以后变为二进制数字的过程。

5.3 发动机 CAT 系统的设计方案

本试验中发动机测试系统主要由硬件平台（数据采集系统）与软件结构

（基于 CVI 的各测试模块）两部分组成，如图 5-6 所示。

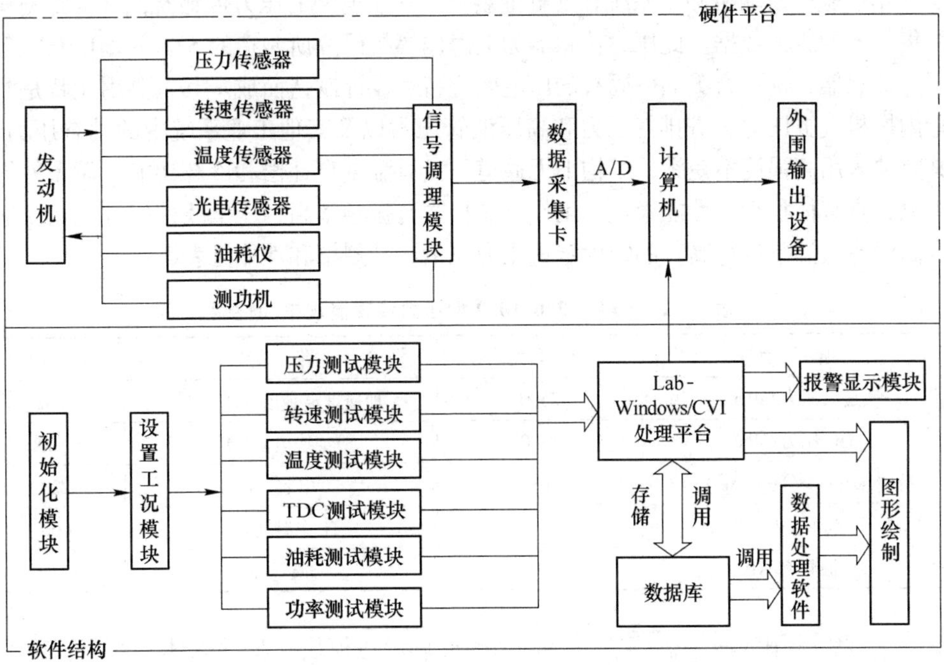

图 5-6　发动机 CAT 系统设计框图

5.3.1　硬件平台

硬件平台主要包括压力传感器、转速传感器、温度传感器、光电传感器、油耗仪、测功机、电荷放大器、数据采集卡、计算机、外围显示输出设备等。

5.3.1.1　压力传感器

压力传感器是一种能感受压力，并按照一定的规律将压力信号转换成可用电信号的器件或装置。晶体是各向异性的，非晶体是各向同性的。某些晶体介质，当沿着一定方向受到机械力作用发生变形时，就产生了极化效应；当机械力撤掉之后，又会重新回到不带电的状态；当作用力的方向改变时，电荷的极性随之改变，这种现象称为"压电效应"。科学家就是根据这个效应研制出了压力传感器[8,17]。压电传感器中主要使用的压电材料包括石英、酒石酸钾钠和磷酸二氢胺。压电传感器主要应用在加速度、压力和力等的测量中。压电式传感器可以用于发动机内部燃烧压力的测量与真空度的测量。

压力的测量一般按测量值范围可分为高压测量和低压测量。发动机气缸压力测量属于高压测量，一般来说汽油机最高压力为 3～5MPa，柴油机最高压力为10MPa 以上。在高压测量中，常利用石英晶体的纵向压电效应，因此时晶体的机械强度高[18]。

本试验中发动机测试系统在气缸上装置了一压电型的压力传感器，可实时测量采集气缸的压力数据。此压力传感器为上海内燃机研究所制造的 SYC – 250/1000 型压力传感器，选用石英晶体固有的压电效应特性设计制造而成。其主要用途就是测量内燃机气缸压力、进排气压力和高压油管压力以及其他工业系统中的动态压力。其整体采用高强度不锈钢，结构上无通道，具有温度自补偿和冷却功能，无需外界供电，具有体积小、性能稳定、工作寿命长、自振频率高、压电线性好等优点，适合高温或低温下进行高频的定性定量压力测量。其规格和性能见表5 – 2。

表 5 – 2　SYC – 250/1000 型压力传感器规格和性能

项　目	规格和性能	项　目	规格和性能
最大压力/MPa	2500	加速度灵敏度/pC·g^{-1}	0.002
工作压力/MPa	1500	绝缘电阻/Ω	>10^{13}
分辨率/pC·$(kg·cm^2)^{-1}$	63	电容/pF	22
线形度/%	< ±1	工作温度/℃	2000
自振频率/kHz	60	质量/g	29

本试验选用的压电传感器主要包括圆形环承压模块、弹性罩体、八片石英晶体、芯体、电极、温度补偿片、引出导线、壳体和冷却水管。

5.3.1.2　数据采集卡

选用 AMPCI – 9115 型 PCI 总线数据采集板，该板可以直接插入具备 PCI 插槽的个人计算机或工控机中，构成模拟量电压信号、数字量电压信号采集、监视输入和模拟量电压信号输出、数字量电压信号输出及计数定时系统。

AMPCI – 9115 型数据采集板为用户提供了 16 路单端/8 路双端模拟量输入通道，且模拟量通道具有程控放大功能，AMPCI – 9115 型为 1/10/100/1000 倍的放大比例，2 路 12Bit 模拟量电压输出，16Bit TTL 数字量输入和 16Bit TTL 数字量输出，3 路 16 位定时器/计数器（82C54 芯片），基准时钟 4MHz，其通道 0 保留用户自己使用，构成脉冲计数、频率测量、脉冲信号发生器等电路。

对 AMPCI – 9115 型板的所有读写操作均为 16Bit，即 D15 ~ D00，当对 82C54进行读写时只有 D07 ~ D00 有效，同样 A/D 转换数据一次读入的为 B15 ~ B00。

AMPCI – 9115 型数据采集板的性能和技术指标如下：

模拟信号输入 A/D 分辨率：16Bit

模拟输出 D/A 分辨率：12Bit

输入模拟信号通道：16 路单端/8 路双端

程控放大：1/10/100/1000 倍

模拟电压信号输入范围：±10V

模拟信号输出通道：2 路

模拟信号输出范围：±10V/±5V/0～10V

模拟信号输出上电自动清零

16Bit DI/16Bit DO 数字量输入/输出

1 路 16Bit 计数定时通道

A/D 转换触发工作方式：程序触发或外部触发

A/D 转换数据传输方式：查询方式

板卡具有 ID 号

输入电压范围：±10V、±1V、±100mV、±10mV（对应 1/10/100/1000 倍时）

输入阻抗：> 10 MΩ

A/D 转换时间：≤8.5μs

A/D 转换精度：≤±4LSB

程控放大器建立时间：≤3μs

程控放大器增益误差：±0.05%（增益小于 1000 倍时）

模拟输出电压范围：±5V、±10V、0～10V

D/A 转换精度：优于 ±0.1%（满量程）

数字量输入/输出电平：TTL/COMS 兼容

计数定时部分：1 通道

5.3.1.3　转速传感器

转速测量已从最早的机械式和直接发电式发展到目前的数字脉冲式。常见的转速测量方法有磁电式、光电式、同步闪光法、旋转编码盘。本书试验采用了磁电式传感器。

磁电式转速传感器由齿轮和磁头组成。齿轮由导磁材料构成，有 z 个均匀分布的齿，安装在被测的轴上；磁头由永久磁铁和线圈组成，安装在齿轮的上部，间隙大约 2mm。齿轮在待测轴的带动下，齿盘中的齿和齿隙交替通过永久磁铁的磁场，从而不断改变磁路的磁阻，使铁芯中的磁通量发生突变，在线圈中产生一个脉冲电动势，其频率与待测转轴的转速成正比。传感器产生的是近似正弦的电压信号，随着转速的变化，不仅正弦的频率随之变化，且其幅值也会跟着变化，转速越高，幅值也会越大。线圈所产生的感应电动势的频率为：

$$f = nz/60 \tag{5-4}$$

式中，n 为转速，r/min；f 为频率，Hz；z 为齿轮的齿数。

5.3.1.4　温度传感器

热电偶作为最常用的温度传感器，其原理是两种不同金属的结合点要产生随温度变化的电压。把两种不同的导体或半导体连接，构成如图 5 - 7 所示的闭合回路，当两个节点保持不同温度时，将产生热电势，即塞贝克（Seebeck）效应。

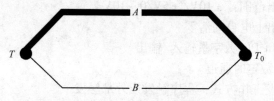

图 5 - 7 热电偶结构图

A、B 两端热电动势为：

$$E_{AB}(T,T_0) = E_{AB}(T) - E(T_0) \qquad (5-5)$$

热电动势由接触电动势和温差电动势两部分组成。令冷端温度 t_0 固定，则总电动势只与热端温度 t 成单值函数：

$$E_{AB}(T,T_0) = E_{AB}(T) - C = F(T) \qquad (5-6)$$

输出灵敏度一般为 μV/℃级。

当 $T_0 = 0℃$ 时，$C = 0$，不用冷端补偿。

当 $T_0 \neq 0℃$ 时，$C \neq 0$，需要冷端补偿。

根据热电偶中间温度定则，有：

$$E(T,0) = E(T,T_0) - E(T_0,0) \qquad (5-7)$$

式中，$E(T, 0)$ 为被测温度对应热电动势；$E(T, T_0)$ 为实测温度对应热电动势；$E(T_0, 0)$ 为补偿热电动势。

另外，由于连接热电偶与采集板的引线要引起所谓的参考连接（reference junction）或冷端连接（cold junction），这种连接如同热电偶一样也要产生输出电压，即所谓的参考电压（reference - junction voltage）或冷端电压（cold - junction voltage）两部分。补偿冷端电压的办法就是所谓的冷端补偿[17]。热电偶导线补偿示意图如图 5 - 8 所示。

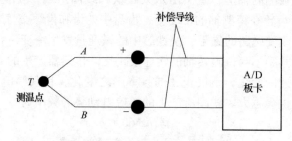

图 5 - 8 热电偶导线补偿示意图

热电偶在温度测量中应用极为广泛，它具有结构简单、工作可靠、测量精度高、稳定性好、价格低、测量范围大等优点，常用的热电偶可测的温度范围为

$-50 \sim 1600℃$，若经过特殊处理，其测量范围可扩大为 $-180 \sim 2800℃$。热电偶不需要额外的激励，所以没有电阻式温度检测器所遇到的自热问题，这一点对尾气温度的测量尤为重要。

鉴于热电偶特点，本试验系统中对温度的测量（水温、机油温度、排气温度等）都是选用热电偶来实现的。对于冷却水温度和油温，采用 E - 101 型热电偶，精度 1.0℃，线径 0.32mm，测量范围 $0 \sim 300℃$；对于排气温度，由于其温度相对比较高，故选用北京自动化仪表二厂生产的铠装型 $SWZ - 101EU_2$ 热电偶传感器，测量范围为 $0 \sim 1300℃$，此热电偶外接仪表配有 $0 \sim 5V$ 的电压输出端子。

在本试验中为了提高测温精度，采用 DWB - HE 滑轨型温度变送器作为温度信号的调理电路。它由 24VDC 供电，能将温度传感器的弱信号变为"强"电压信号（$1 \sim 5V$），从而提高温度信号传输的可靠性和抗干扰性，而且不需要外加补偿导线。其工作原理如图 5 - 9 所示。

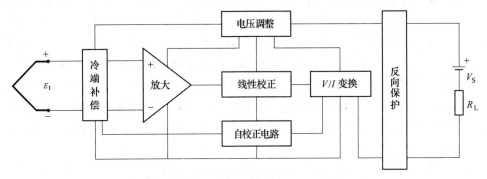

图 5 - 9　DWB - HE 滑轨型温度变送器工作原理图

5.3.1.5　光电传感器

光电传感器是将被测量的变化转换成光量的变化，再通过光电元件把光量变化转换成电信号的一种测量装置。它的物理基础是光电效应。由于光电器件响应快，结构简单，而且有较高的可靠性，因此在现代测量和控制系统中应用较广泛[8]。

所谓光电效应，是指物体吸收了光能后转换为该物体中某些电子的能量，从而产生的电效应。光电效应又分为外光电效应和内光电效应。

光电开关（光电传感器）是光电接近开关的简称，它是利用被检测物对光束的遮挡或反射，由同步回路选通电路，从而检测物体有无的。物体不限于金属，所有能反射光线的物体均可被检测。光电开关将输入电流在发射器上转换为光信号射出，接收器再根据接收到的光线的强弱或有无对目标物体进行探测。

槽式光电开关通常采用标准的 U 字形结构，其发射器和接收器分别位于 U 形槽的两边，并形成一光轴，当被检测物体经过 U 形槽且阻断光轴时，光电开关就产生了开关量信号。槽式光电开关比较适合检测高速运动的物体，并且它能分辨透明与半透明物体，使用安全可靠。光电传感器的工作原理如图 5 – 10 所示。

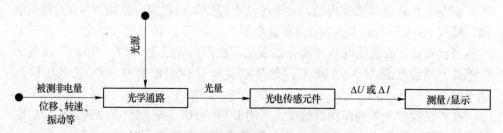

图 5 – 10　光电传感器的工作原理图

在本试验测试系统中对上止点的确定要求在动态中获取，发动机转速较快，而且准确地确定活塞上止点的相位，对研究发动机工作过程、准确测量和计算发动机指示功、机械效率等有关参数有着重要的影响。上止点相位偏差 1°CA 将使空载时的指示功率产生 30% 以上的误差；使满载时的指示功率产生 7% 左右的误差，机械效率产生约 5% 的误差，因此要求比较精确。因槽形开关光柱只有 1 ~ 2mm 宽，只需直径为 2mm 左右的检测物通过即能触发信号；另一方面，光电测试法属于非接触测量，因此无需拆卸发动机气缸结构，因此避免了因安装和拆卸给机器带来的影响，故本系统选用了 BUD – 30S 型光电槽形开关，其技术规格和性能见表 5 – 3。

表 5 – 3　光电槽形传感器规格和性能表

项　目	规格和性能
型号	BUD – 30S
标准探测物	$\phi 1.5$mm 以上不透明体
动作方式	依控制线的连接，选择 Light on/Dark 模式
探测距离/mm	30
应答速度/ms	<1
消耗电流/mA	<30
光源	红外线发光二极管
灵敏度调整	VR 调节式
保护电路	电源反接保护电路，输出过电流保护电路
指示灯	电源指示灯为绿色 LED，动作指示灯为红色 LED

项　目	规格和性能
连接方式	配线连接
抗干扰	由模拟器产生干扰源干扰（振动幅度 1μs）±240V 方波
抗振动	振幅 1.5mm，频率 10～55Hz，x，y，z 各方向 2h
环境亮度	太阳光 11000lx 以下，白炽灯 3000lx 以下

5.3.1.6　油耗仪

测量油耗采用日本小野公司生产的 FC-024 型油耗仪。该油耗仪可设置内外两种测量控制方式，信号数据的输出也分两种方式：一种直接在前面板 LED 数字显示屏输出，另一种通过后面板的 50 针 I/O 输入输出接口直接输出相应的 TTL 电平至计算机中。该油耗仪可以设置不同的燃油量（5mL、10mL、25mL、50mL、100mL、200mL），应用该油耗仪可测得燃油消耗时间。油耗仪后面板有速度信号输入接口，此 BNC 插头用来输入来自速度传感器的正弦信号；瞬时速度相对应的电压信号的输出接口，提供一个正比于转速的模拟电压信号。因此，应用该油耗仪可测出油耗时间、转速。油耗仪规格和性能见表 5-4。

表 5-4　油耗仪规格和性能表

项　目	规格和性能	项　目	规格和性能
燃油测量计时容量/s	0.00～999.99	计时精度/s	$\pm 5 \times 10^{-5}$
燃油测量容积范围/mL	5、10、25、50、100、200	燃油测量容积精度/%	± 1
速度模拟输出信号	0～10V 或 0～10000r/min	线性度/%	± 0.2 以内
转速测定范围/r·min^{-1}	10～10000（瞬时）	计数信号	60P/120P
时间基准器	水晶振荡器（1MHz）	显示方式	五位红色 LED 数码管显示

5.3.1.7　测功机

测功机是发动机测试的重要设备，作为发动机测试系统中的能耗装置，它不仅用来吸收被测发动机输出的功，而且通过控制测功机可以改变发动机的负荷及转速，形成所需的测试工况，以测定发动机实际使用的各种运行状态下的性能指标。国内外发动机试验台架常用的测功机可分为水力测功机、电涡流测功机、直流电力测功机和交流电力测功机等。

电涡流传感器根据电磁场原理，在趋近传感器线圈中通入高频电流后，线圈周围会产生高频磁场，该磁场穿过靠近它的转轴表面时，会在其中感应产生一个电涡流；这个变化的电涡流又会在它的周围产生一个电涡流磁场，其方向和原线圈磁场的方向相反，这两个磁场叠加将改变原线圈的阻抗；线圈阻抗在磁导率、激励电流强度、频率等参数不变时，可把阻抗看成是探头到金属表面间隙的单值函数，即两者之间成比例关系；设置一测量变换电路，将阻抗的变化转换成电压或电流，通过显示仪器反映出间隙的变化，从而得到轴振动和轴位移。还可以通过与外壳相连的扭矩传感器方便地将这个力（或力矩）检测出来。

电涡流测功机利用涡电流效应吸收发动机输出转矩和功率，具有低惯量、高精度、高稳定性、结构简单等特点，适用于操作控制的自动化，并且功率范围也较宽，转速较高，响应速度较快，测试工艺比较成熟，是目前各内燃机制造厂主要使用的测功机之一。基于其良好的控制性、可调性以及负载稳定性，电涡流测功机较合适用于发动机的开发和试验。

因此，本系统中测功机选用浙江遂昌动力测试设备厂生产的电涡流测功机。该设备的技术参数见表 5 - 5。

表 5 - 5　CW37 型电涡流测功机技术参数

项　目	规格和性能	项　目	规格和性能
型号	CW37	励磁电压/V	50
额定功率/kW	37	励磁电流/A	2.8
额定转矩/N·m	12	冷却水压/Pa	$(2 \sim 6) \times 10^4$
最高转速/r·min^{-1}	6000	冷却水量/L·m^{-1}	15 ~ 20
工作方式	连续	质量/kg	480

5.3.1.8　电荷放大器

在气缸压力测试中采用压电传感器。由于压电传感器的输出信号非常微弱，一般将电信号进行放大才能测量出来，但压电传感器内阻抗高，存在阻抗匹配问题外，连接电缆长度和噪声都是突出问题。为解决这些问题，传感器的输出信号先由低噪声电缆输入高输入阻抗的前置放大器。前置放大器首先将压电传感器的高阻抗输出变成低阻抗输出，其次起放大传感器微弱信号的作用。按照压电式传感器工作原理及其等效电路，传感器输出可以是电压信号也可以是电荷信号，前置放大器也分为电压放大器和电荷放大器两种。两种放大器的主要区别是：使用电压放大器时，整个测量系统对电缆电容的变化非常敏感，尤其是连续电缆长度变化更为明显；而使用电荷放大器时，电缆长度变化的影响差不多可以忽略不计[8]。

由于本试验系统对发动机进行测试，其工作噪声比较大，考虑到为了避免和减少对测试系统的影响，故将主机与采集调理电路远离发动机台架，这就需要相对较长的电缆引线。而电荷放大器的一突出优点就是在一定条件下，传感器的灵敏度与电缆长度无关。因此，本试验系统选用的是 DHF - 12 型双积分电荷放大器。其主要技术指标见表 5 - 6。

表 5 - 6 DHF - 12 型双积分电荷放大器技术参数表

项 目	指 标	项 目	指 标
最大输入电荷量/pC	10^5	频率范围/Hz	$0.1 \sim 200$
最大输出电压/V	±10（峰值）	低通滤波（-3dB）/kHz	0.1、1、10、100、200 五挡
准确度/%	2	增益/dB	0、20、40、60 四挡
失真度/%	<1	供电方式	交流/直流
噪声/mV	<15	使用环境	温度 0~40℃，相对湿度小于80%

电荷放大器实际上是一个具有深度电容负反馈的高增益放大器[8]。其等效电路如图 5 - 11 所示。

$$U_{sc} \approx U_{c_f} = -Q/C_f \qquad (5-8)$$

式中，U_{sc} 为放大器输出电压；U_{c_f} 为反馈电容两端电压。

压电传感器、电缆、电荷放大器系统连接等效电路如图 5 - 12 所示，Q 为产生的电荷；C_t 为传感器固有电容；C_c 为电缆电容；C_f 为反馈电容。

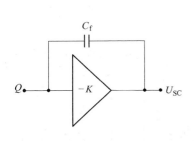
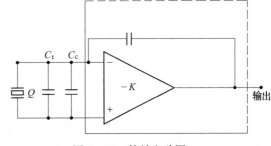

图 5 - 11　电荷放大器原理图　　　　图 5 - 12　等效电路图

5.3.2　软件结构

5.3.2.1　应用软件系统概述

搭建一个虚拟仪器系统，基本硬件系统确定后，就可以通过不同的软件实现不同的功能。软件是虚拟仪器系统的核心。本系统软件主要是通过软件模块控制 PCI 总线系统实现所需功能，完成数据采集、数据处理和数据显示。

在本试验系统软件中，开发工具采用 NI 公司 LabWindows/CVI 软件。Lab-Windows/CVI 是 National Instrument 公司提供给用户的虚拟仪器软件之一，它是 NI 公司为用户用来开发数据采集 I/O、仪器控制及自动测试的一个开发平台。

与其他集成开发软件一样，LabWindows/CVI 具有自己的工程项目管理工具

以及相应的程序代码编译和调试工具等。在 LabWindows/CVI 环境下主要有以下一些开发和管理工具:

(1) 项目工程管理器;

(2) 程序代码编辑器;

(3) 用户界面资源管理器;

(4) 函数面板编辑器。

在 LabWindows/CVI 软件平台中设计完成的虚拟仪器由四个文件组成[13],如图5-13所示。

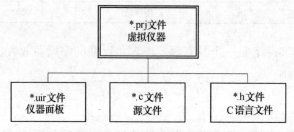

图5-13　虚拟仪器文件组成

软件系统设计中,以工程文件 (∗.prj) 为主体框架,它包含了 C 源代码文件 (∗.c)、头文件 (∗.h)、用户界面文件 (∗.uir) 三个主要部分,另外还包括一些外部的模块文件。

使用 LabWindows/CVI 编程实现虚拟仪器文件编制的步骤基本如图5-14所示。

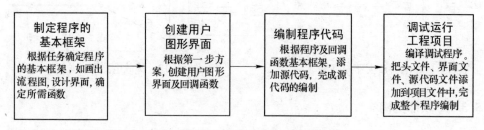

图5-14　虚拟仪器文件编制步骤

系统所有文件都放在工程窗口。本试验中,系统的项目工程管理窗口 (主窗口) 如图5-15所示。全部软件调试好后,可将工程文件生成应用文件 (∗.exe)。

5.3.2.2　仪器驱动程序

仪器驱动程序主要用来初始化虚拟仪器,设置特定的参数和工作方式,使虚拟仪器保持正常的工作状态[23]。

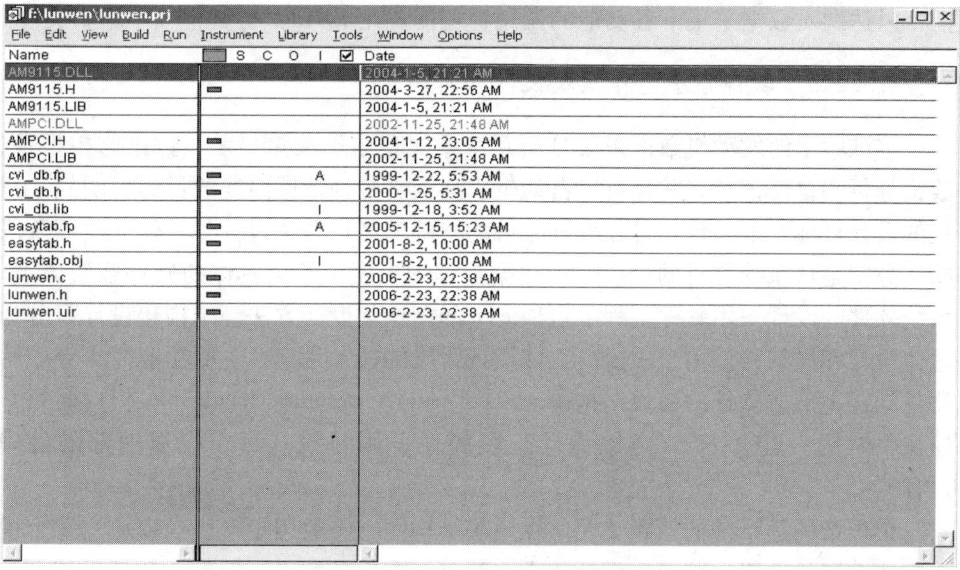

图 5 – 15　系统项目工程管理窗口

　　仪器驱动程序是一套用于控制可编程仪器的函数集。每个函数对应仪器的一种可编程操作，如仪器配置、从仪器读数据、向仪器写数据或仪器触发等。有了仪器驱动器，开发人员不再需要学习每一个特定仪器的编程协议，从而简化了仪器控制，减少了测试程序的开发时间。

　　仪器驱动程序一般由仪器厂商以动态链接库（DLL）的形式提供给用户，它表示如何与系统中其他组成部分接口。仪器驱动器的外部接口模型是仪器驱动器的实际代码，采用标准编程语言编写。程序式开发接口为应用程序使用仪器驱动器中的控制仪器的组件函数和应用函数提供了一种编程机制。交互式开发接口是当仪器驱动器用作应用开发环境下的有机集成部分时，由程序式接口扩展成的图形化的软件面板或其他工具，它可以帮助开发人员了解仪器驱动程序中的每个函数的功能以及如何使用程序式开发接口调用这些函数。子程序接口是仪器驱动程序调用其他软件模块的机制。I/O 接口完成驱动器仪器之间通信，仪器驱动器内部设计模型描述仪器驱动器功能体的内部结构。仪器驱动器的设计与仪器类型无关，这一点正是由功能体内部结构所决定的。仪器驱动程序的函数一般分为两部分：一部分为组件函数，它们是控制仪器特定功能的软件模块；一部分为应用函数，它们说明了如何使用组件函数来完成面向仪器的操作。

　　在本试验的系统中 Am9115. dll 是为 AMPCI – 9115 数据采集卡编制的工作在 Windows 95/98/Me/2000/XP 环境下的一个动态链接库，它所封装的函数可以被其他应用程序在运行时直接调用。用户可以用任何一种可以使用 DLL 链接库的编程工具来编写。LabWindows/CVI 软件自带有 DLL 动态链接库，通过编写相应指令以达到对数据采集卡各功能的调用，还能调用 EXCEL 等其他文本编辑文件。

5.3.2.3 软件系统总体模块设计

本试验中的发动机数据采集分析系统要实现数据测量显示、数据监控报警、数据分析和自动记录，并且可以自动生成和绘制各种特性曲线的目的。明确了系统的设计目标，下一步就是在系统分析的基础上进行系统设计了。软件设计阶段的任务就是从系统分析的模型——数据流程图出发，给出具体的软件解决方案。系统软件的设计采用软件工程中自顶向下的结构化设计方法。结构化设计可分为总体设计和详细设计两个阶段。总体设计阶段的任务是把系统的功能需求分配给软件结构，形成软件的模块结构图 MSD（module structure diagram），但这时每个模块仍然是"黑盒子"；详细设计阶段的任务则是设计每个模块内部的处理过程[24]。

模块指的是系统的功能单元。在模块结构图中一般用矩形表示模块，每个模块完成一定的功能。结构化设计的方法就是根据任务的不同把整个软件系统划分成若干个模块，并决定模块的接口，即模块之间的相互关系以及模块之间传递的信息。在模块结构图中，模块是分层次的。处于较高层次的模块是控制（管理）模块，它们的功能相对复杂而抽象；处于较低层次的模块是从属模块，它们的功能简单而具体。

模块化是好的设计的一个基本准则。高层模块使设计人员能从整体上把握问题，隐蔽细节以免分散设计人员的注意力；当设计人员需要时，又可以深入到较低的层次了解进一步的细节。模块化把复杂的问题分解成若干个容易解决的简单问题，使原来的问题得到简化。它便于开发人员理解系统的功能，跟踪系统的数据流，定位系统的复杂部分。

采用模块化的设计方法可以使软件结构清晰，容易阅读理解，便于软件的测试。因为软件的变动往往只涉及少数几个模块，所以模块化能提高软件的可修改性。

在设计系统的模块结构时，要遵循一些模块设计的启发式规则：

（1）改进软件结构，提高模块的独立性。独立的模块不仅容易开发，而且容易调试和维护。应通过模块的分解和合并，力求降低模块之间的耦合而提高内聚关系。

（2）模块的规模应该适中，规模太大，不易理解，规模太小，则使系统接口复杂。

（3）深度、宽度、扇出、扇入也应该适中。深度表示软件结构中控制的层数，宽度是同一层次上模块总数的最大值，扇出是一个模块直接控制下层的模块数，扇入表明有多少个模块调用数据。

（4）应降低模块接口的复杂性。模块接口复杂是软件发生错误的一个主要原因，应仔细设计模块接口，使信息传递简单，且与模块功能一致。

根据以上的模块总体设计原则并结合实验室台架的实际测试情况，制定发动机台架测试数据采集分析系统模块，包括初始化模块、系统工况设置模块、发动机工作性能测试数据采集模块、显示模块、数据处理模块、示功图分析模块、分析曲线输出模块、报警模块。在系统的主界面上分别设置了调用各个模块的快捷按键，通过各自独立的窗口面板进行显示与设置。发动机台架测试数据采集分析系统模块及各个模块结构如图 5 – 16 ~ 图 5 – 24 所示。

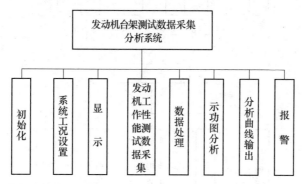

图 5 – 16　发动机台架测试数据采集分析系统模块图

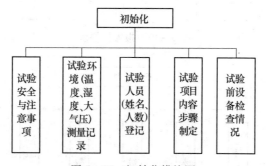

图 5 – 17　初始化模块图

由各个模块组成了发动机台架 CAT 软件系统，系统软件工作的流程如图 5 – 25 所示。

5.3.2.4　虚拟仪器软面板的设计

一般的传统仪器，基本上都有一个物理实体的前面板，用户可以通过操作前面板上的开关、按键、旋钮等来操作仪器，或者通过前面板上的显示屏来观察输出的图形。前面板是用户和仪器交互的窗口，也就是人机交互的界面，用户通过对前面板的操作可以实现仪器的所有功能。

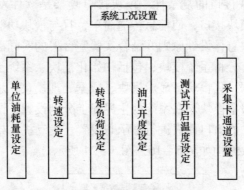

图 5 – 18　系统工况设置模块图

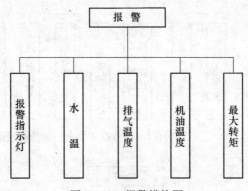

图 5 – 19　报警模块图

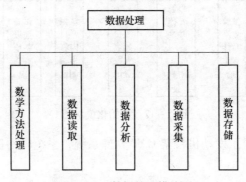

图 5 – 20　数据处理模块图

软面板的设计对于虚拟仪器来说非常重要。通过总结软面板设计的经验，得出如下软面板的设计原则：

（1）重要性原则。重要的或者频繁访问的元素应当放在显著的位置上，而不太重要的元素就应当放到不太显著的位置上，确保重要的元素很快地显现给

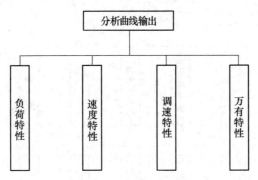

图 5－21　分析曲线输出模块图

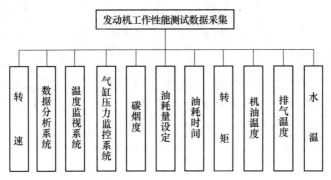

图 5－22　发动机工作性能测试数据采集模块图

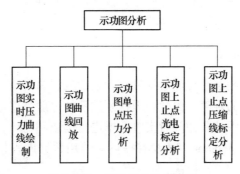

图 5－23　示功图分析模块图

用户。

（2）相关性原则。尽量把信息按功能或关系进行逻辑分组。

（3）控件的一致性原则。为了保持视觉上的一致性，在开始开发应用程序之前应先创建设计策略和类型约定。

（4）窗体与其功能匹配的原则。动感是对象功能的可见线索。

（5）适当使用空白空间的原则。在用户界面中使用空白空间有助于突出元

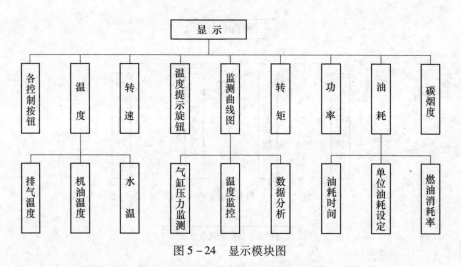

图 5-24 显示模块图

素和改善可用性。

（6）保持软面板简明的原则。软面板上的功能应简洁明了，易于理解。

（7）控制颜色种类及选择中性化的原则。一般说来，最好保守传统，采用一些柔和的、更中性化的颜色（如灰色）。

（8）控件的形象选择与注释的原则。不用文本，控件的图像就应该可以形象地传达信息。

以上各个原则有时候可能会有冲突，并不能都同时满足这些要求，在设计软面板的时候应该综合考虑这些设计原则。按照以上原则，本试验中系统设计的主界面如图 5-26 所示。

5.3.2.5 数据管理

利用数据文件对测试系统的数据进行存取比较容易实现，但是对于后期的数据管理和查询有一定的难度，因此，现代测试系统一般都以数据库的方法对测试数据进行管理。这其中涉及如何对实时数据进行读取和写入，与数据库系统进行交互。而现有的 LabWindows/CVI 没有提供与通用数据库直接接口的方法。这一问题可以采用以下两种方法解决：

（1）利用中间文件存取数据，先将数据存入文件之中，在一定的时刻或者需要的时候再将数据导入数据库中。这种方法实现比较简单，但是通过其他的中间文件，不能实现对数据进行实时的存取。

（2）利用其他语言，如 Visual C++编写 DLL 程序访问数据库，利用 LabVIEW 所带的 DLL 接口访问数据库，可以实现对数据库的访问。这种方法需要对其他的编程语言非常的熟悉，对软件编程人员的要求较高，且用这种方法实现需要的工作量比较大。

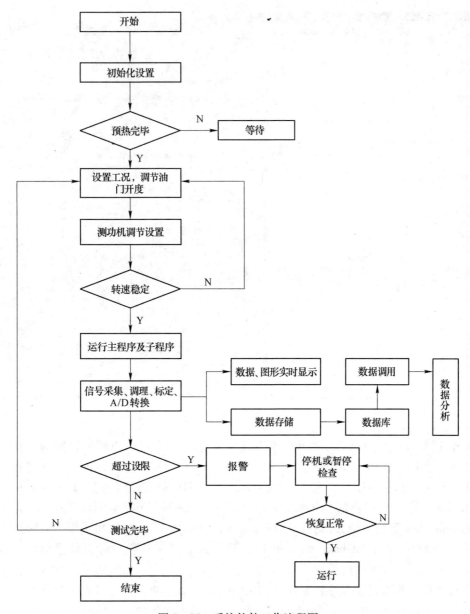

图 5 - 25　系统软件工作流程图

这两种方法虽然都可以实现对数据库的访问，但各有缺点。本书讨论利用 ActiveX Data Object（ADO）接口技术和 ODBC（open database connectivity）实现 LabWindows/CVI 平台下对数据库的访问，可以很好地解决这个问题[22]。

ADO（activeX data objects）是 Microsoft 提供和建议使用的新型的数据访问接口，具体实现为 Automation。用 ADO 访问数据库类似于编写数据库应用程序，

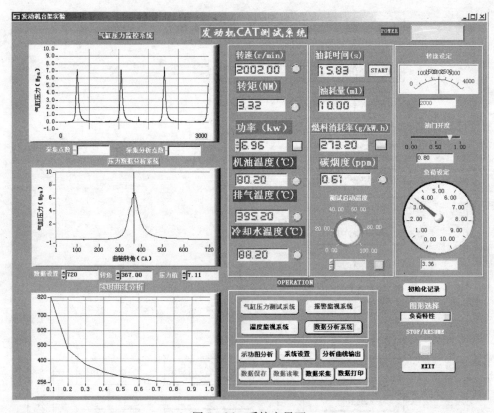

图 5 - 26　系统主界面

ADO 把绝大部分的数据库操作封装在七个对象中，在程序中调用这些对象执行相应的数据库操作。ADO 使用本机数据源，通过 ODBC 访问数据库。这些数据库可以是关系型数据库、文本型数据库、层次型数据库或者任何支持 ODBC 的数据库。目前，ADO 包括 Command、Connection、Recordset 等七个对象和一个动态的 Properties 集合，绝大部分的数据库访问任务都可以通过它们的组合来完成。

　　ODBC（open database connectivity，开放式数据库互联）是微软推出的一种工业标准，一种开放的独立于厂商的 API 应用程序接口，可以跨平台访问各种个人计算机、小型机以及主机系统。ODBC 作为一个工业标准，绝大多数数据库厂商、大多数应用软件和工具软件厂商都为自己的产品提供了 ODBC 接口或提供了 ODBC 支持，这其中就包括常用的 SQL SERVER、ORACAL 和 Informix 等。

　　数据库驱动程序使用 DSN（data source name）定位和标识特定的 ODBC 兼容数据库，将信息从应用程序传递给数据库。典型情况下，DSN 包含数据库配置、用户安全性和定位信息，且可以获取 Windows NT 注册表项中或文本文件的表格。通过 ODBC，可以选择希望创建的 DSN 的类型（用户、系统或文件）。LabWindows/CVI 中包含了大量的 ActiveX 对象，其中包含了 ADO 接口的各种对象，可以利用这些对象实现对数据库的访问。

A　LabWindows/CVI SQL 的数据库应用技术

数据库是计算机有序和高效地管理各种信息的手段。随着计算机应用软件和计算机技术的发展，数据库技术也得到迅猛的发展，各种形式的数据库格式、数据库管理系统以及基于网络的数据库系统得到不断的完善和发展。

在测试应用领域，数据库的应用是必不可少的。随着测试的复杂程度的提高和综合测试管理难度的增加，将涉及大量的测试信息，包括被测对象信息、测试仪器信息、测试结果信息、测试人员信息等，这些数据的维护和管理需要统一的数据库机制来实现。

LabWindows/CVI 开发环境提供了对数据库的支持能力，可以实现多种异构数据库的访问和维护[22]。

B　CVI SQL Toolkit 工具包的应用

LabWindows/CVI 并没有直接通过标准函数库提供函数库的操作函数，也没有在工具包中包含数据库的驱动器。CVI SQL Toolkit 是一个操作数据库的软件包，它包括一系列高性能的操作函数，这些函数的综合应用可以实现数据库的多种功能。在 SQL 数据包安装后，LabWindows/CVI SQL 会自动在机器上注册一个 ODBC 数据源，该数据源即为 LabWindows/CVI SQL 实例程序中使用的数据源[22]。

数据库的操作是在数据库连接的生存期（database sessions）中进行的，数据库应用的过程按照以下顺序实现（具体的应用过程如图 5 - 27 所示）：

（1）连接到数据源；

（2）激活 SQL 检索语句；

（3）执行 SQL 操作语句；

（4）解除 SQL 检索语句；

（5）断开与数据源的连接。

C　数据库在本数据采集系统中的应用

在发动机台架性能试验中，需要处理的数据包括系统参数和每次试验采集到的数据，数据量很大。原有的发动机性能试验系统中，一般都采用数据文件的方式保存试验数据，管理手段落后，而且数据查询和数据管理的效率比较低。如何高效、快捷、方便地利用数据库技术实现数据管理的相关功能是系统软件开发的一个重点。数据库按照一定的结构存放数据，数据管理部分管理数据的添加、删除、修改以及查询，数据处理部分对试验数据进行处理，得到各种报表和曲线。

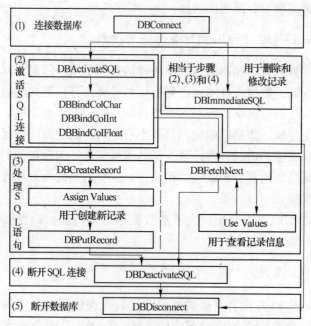

图5-27 SQL Toolkit 数据库函数实现数据库操作流程

本系统选用 Microsoft 公司的 Access 数据库，这是一个非常成熟的关系型数据库。系统中主要是利用 Access 建立存储数据的库，即简单的列表，选用 CVI 及其 SQL Toolkit 工具包作为数据管理和处理的软件开发工具。CVI 及其 SQL Toolkit 工具包支持关系型数据库，系统应用方便，采用非过程化和结构化查询语言 SQL，提供了强大的查询功能和可操作性，并在后续的数据处理中，可以快速方便地选择合适的试验数据。实际发动机台架试验表明，采用数据库系统管理实验数据，大幅度地提高了试验人员的工作效率。

本系统中将采集的气缸压力信号与上止点信号存储到数据库中的程序如下：

```
int CVICALLBACK DataIn (int panel, int control, int event,
        void * callbackData, int eventData1, int eventData2)

    {

    switch (event)

        {

    case EVENT_ COMMIT：

        SetCtrlAttribute (panel, PANEL_ OKBUTTON_ 3, ATTR_ VISIBLE, 0);


        for (i = 0; i < samples; i + +, P_ ArrayData + +)

            {

            DBCreateRecord (hstmt);
```

```
                CA_ VariantSetDouble (&value, *P_ ArrayData);
                DBPutColVariant (hstmt, 2, value);
                CA_ VariantSetDouble (&value, *TDC_ ArrayData);
                DBPutColVariant (hstmt, 3, value);
                DBPutRecord (hstmt);
            }
            num = DBNumberOfRecords (hstmt);
            SetCtrlVal (panel, PANEL_ NUMERIC, num);
            P_ ArrayData = P_ ArrayData - samples;
            MessagePopup ("ok","数据库入库成功!");

            break;
        }
        return 0;
}
```

本系统中调用存储在数据库中的气缸压力信号与上止点信号并画出图像的程序如下：

```
int CVICALLBACK Show (int panel, int control, int event,
        void *callbackData, int eventData1, int eventData2)
{
    int pn;
    switch (event)
        {
        case EVENT_ COMMIT:
            GetCtrlVal (panelHandle, PANEL_ NUMERIC_ 2, &samples_ 2);
            GetCtrlVal (panelHandle, PANEL_ RING, &pn);
            SetCtrlVal (panel, PANEL_ LED_ 3, ON);
            SetCtrlVal (panel, PANEL_ LED, ON);
            SetCtrlVal (panel, PANEL_ TEXTBOX," 信号显示中 ....." );
            //SetCtrlAttribute (panel, PANEL_ OKBUTTON_ 4, ATTR_ VISIBLE, 0);
            if (DBNumberOfRecords (hstmt) < =0)
                {
                MessagePopup ("数据库错误","数据库为空，没有数据!");
                break;
                }
            resCode = DBGetVariantArray ( hstmt, &cArray, &numRecs, &numFields );
            columnx = malloc ( numRecs * sizeof (double));
            columny = malloc ( numRecs * sizeof (double));
```

```
                    resCode = DBGetVariantArrayColumn (cArray, numRecs, numFields, CAVT_
DOUBLE, 1, 0, numRecs, columnx);
                    if (resCode = = DB_ NULL_ DATA) {
                        printf ("cannot process, some fields contain null \ n");
                    }


                    resCode = DBGetVariantArrayColumn (cArray, numRecs, numFields, CAVT_
DOUBLE, 2, 0, numRecs, columny);
                    if (resCode = = DB_ NULL_ DATA) {
                        printf ("cannot process, some fields contain null \ n");
                    }
                    resCode = DBFreeVariantArray (cArray, 1, numRecs, numFields);
                    switch (pn)
                        {
                    case 1:
                    PlotY (panel, PANEL_ GRAPH, columnx, samples_ 2, VAL_ DOUBLE,
VAL_ THIN_ LINE, VAL_ EMPTY_ SQUARE, VAL_ SOLID, 1, VAL_ RED);
                        break;
                    case 2:
                    PlotY (panel, PANEL_ GRAPH, columny, samples_ 2, VAL_ DOUBLE,
VAL_ THIN_ LINE, VAL_ EMPTY_ SQUARE, VAL_ SOLID, 1, VAL_ BLUE);
                        break;
                    case 3:
                    PlotY (panel, PANEL_ GRAPH, columnx, samples_ 2, VAL_ DOUBLE,
VAL_ THIN_ LINE, VAL_ EMPTY_ SQUARE, VAL_ SOLID, 1, VAL_ RED);
                    PlotY (panel, PANEL_ GRAPH, columny, samples_ 2, VAL_ DOUBLE,
VAL_ THIN_ LINE, VAL_ EMPTY_ SQUARE, VAL_ SOLID, 1, VAL_ BLUE);
                        break;
                        }
                    SetCtrlVal (panel, PANEL_ LED_ 3, OFF);
                    SetCtrlVal (panel, PANEL_ LED, OFF);
                    break;
                }
            return 0;
        }
}
```

5.4　实验线路抗干扰措施

在发动机实验室中充斥着各种干扰，通常这种干扰信号也称为噪声。干扰信号将引起采集信号的畸变，造成严重误差，所以必须隔离去除。实验线路的抗干扰措施是从硬件和软件两方面来考虑的。

5.4.1 硬件方面

硬件方面抗干扰措施如下：

（1）系统主机和数据采集调理硬件单元放置在控制室中，尽量远离屏蔽发动机噪声干扰源。

（2）压力传感器采用了专用屏蔽导线传输信号，采用电荷放大器，使电缆长度对信号传输不造成影响。

（3）数据采集卡的模拟输入信号采用单端输入（高于 1V 的信号）和双端差分输入（低于 1V 的信号），可消除共模噪声。

（4）整个系统单点接地，每次实验前确认测试仪器工作正常。

5.4.2 软件方面

软件方面抗干扰措施如下：

（1）用软件消除多路开关的抖动。由于 A/D 接口卡的电路已是固定的，很难再加入其他器件。因此，从硬件上消除抖动是很困难的，但是用软件延时的方法来消除抖动却很容易实现。

（2）用软件消除采样数据的零电平漂移。某些电子器件的零电平随温度变化而有缓慢的漂移。在用计算机对模拟输入通道进行巡回采集时，首先对未加载的传感器进行检测，并将所有零电平信号读入计算机内存中相应的单元，然后才开始采样程序的执行。

（3）用软件处理采集的数据。可采用剔除奇异点或用数字滤波等方法抑制干扰。

第6章

柴油机燃用甲醇－生物柴油－ 柴油混合燃料的试验研究

采用试验方法研究甲醇－生物柴油－柴油混合燃料在柴油机中的燃烧特性及其影响因素是必要的手段，也是理论验证的依据。本章在柴油机结构不做改动的情况下，对外特性、负荷特性、自由加速烟度排放特性和循环变动进行了试验研究，对柴油机动力性、经济性、排放特性进行了分析。基于燃烧示功图的分析，定量研究了甲醇含量对燃烧压力、压力升高率、燃烧放热规律的影响。

6.1 试验设备

6.1.1 柴油机

将甲醇－生物柴油－柴油混合燃料应用在 S195 涡流式柴油机上进行试验研究。柴油机的主要性能指标见表 6-1。

表 6-1 柴油机的主要性能指标

S195 柴油机	参　　数
型式	单缸水冷直喷式
缸径×行程/mm×mm	95×115
排量/L	0.815
压缩比	20
标定功率/kW	8.82
最大功率/kW	9.70
转速/r·min^{-1}	2000
燃油消耗/g·(kW·h)$^{-1}$	258.4
供油提前角	上止点前18°
喷油压力/MPa	0.98～13.73
配气定时	上止点前 17°CA，下止点后 43°CA；下止点前 43°CA，上止点后 17°CA

6.1.2 测试仪器

试验中使用的测试仪器及生产厂家见表 6-2。

表 6 - 2   测试仪器及生产厂家

测试仪器	生产厂家
CW - 37 型电涡流测功机	浙江遂昌动力测试设备厂
日本小野 FC - 024 容积式油耗仪	日本小野公司
DHF - 12 积分电荷放大器	北戴河无线电厂
SYC - 250/1000 型压力传感器	上海内燃机研究所
AMPCI - 9115 型 PCI 总线数据采集板	日本 Yokogawa Electric Corporation
LEC - 36BM - G05D 编码器	长春第一光学仪器厂
FBY - 1 型柴油机烟度计	佛山分析仪器厂
MEXA - 441FB 型分析仪	日本 URAKAWA TRANS IND. CO. LTD.
NOA - 7000 型 NO_x 排放分析仪	日本岛津公司
气相色谱仪 6890	美国安捷伦公司
排气温度、水温、机油温度传感器及仪表	国内各厂家

6.1.3   台架布置示意图

试验台架布置示意图如图 6 - 1 所示。

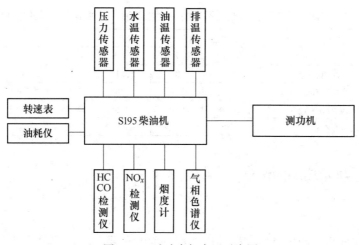

图 6 - 1   试验台架布置示意图

6.1.4   发动机 CAT 测试系统

发动机的测试系统用来监测发动机的正常运转情况，同时采集需要的试验数据。测试系统主要由硬件平台（数据采集系统）与软件结构（基于 CVI 的各测试模块）两部分组成，如图 5 - 6 所示。系统软件通过软件模块控制 PCI 总线系统实现所需功能，完成数据采集、数据处理和数据显示。操作系统采用 Windows2000，开发工具采用 NI 公司 LabWindows/CVI 软件。

试验环境参数包括大气压 $p_0 = 100 \text{kPa}(750 \text{mmHg})$，相对湿度 $\phi_0 = 30\%$，环境温度 $T_0 = 290 \text{K}$ 或 25℃。

6.1.5 试验用燃料的制备

生物柴油制备的原料和工艺不同，其成分和理化性质亦有所差异，本研究所用的生物柴油由地沟油经酯化自行研制而得。试验所用基础燃料的理化性质见表6-3。

由于复合助溶剂时的微乳化效果好于单纯的生物柴油，为了得到较好的甲醇柴油微乳液，将生物柴油与油酸制成复合助溶剂，对甲醇－柴油不同混合比例所需的添加量进行了试验。研究发现：在生物柴油与柴油配比为 1∶1 的情况下，随着甲醇含量的增加，油酸的使用量也增加，但两者并不呈线性变化。甲醇体积分数不大于 5%，不需要加油酸就可以制成微乳液，甲醇体积分数达到 20% 时，也仅添加 8% 的油酸，就能形成均匀稳定的微乳化燃料，而且长期放置也不分层。

为了对比研究柴油机的经济性与排放特性，试验配制了 0 号柴油（M0）以及甲醇体积分数分别为 5%、10% 和 15% 的混合燃料（M5、M10、M15）四种燃料。柴油、甲醇、生物柴油、甲醇－生物柴油－柴油混合燃料的理化特性对比见表6-3。

表 6 - 3　柴油、甲醇、生物柴油和甲醇－生物柴油－柴油混合燃料的理化性质

名　称	生物柴油	甲醇	M0	M5	M10	M15
密度（20℃）/kg·L^{-1}	0.875	0.796	0.825	0.860	0.848	0.818
十六烷值	50.3	3	50.1	47.8	44.9	41.1
运动黏度（20℃）/mm^2·s^{-1}	4.86	0.61	3.9	3.7	3.4	2.9
燃料低热值/MJ·kg^{-1}	37.4	19.66	42.5	38.93	37.52	35.31
氧含量/%	10	50.0	0	7.25	9.45	13.7

6.2 柴油机示功图的测试

6.2.1 示功图

测试并分析示功图是研究柴油机工作过程的重要内容。示功图可以表征发动机燃烧过程的许多参数，例如滞燃期、最高燃烧压力、压力升高率、燃烧放热规律等。在实际柴油机试验和示功图测录过程中，常有一系列因素影响着示功图本身的准确性，如上止点的偏差、压力基线的漂移、曲轴转角误差等。这就要从测量的各个环节入手，尽量减少产生误差的来源，以确保示功图的准确性。本试验中系统试验线路从硬件和软件两方面采取抗干扰措施，用来消除因干扰信号引起采集信号的畸变而造成的严重误差。

6.2.2　测试系统缸压数据的采集

采用 LabWindows 缸压测试系统进行压力测量，压力数据采集的流程如图 6 – 2 所示。

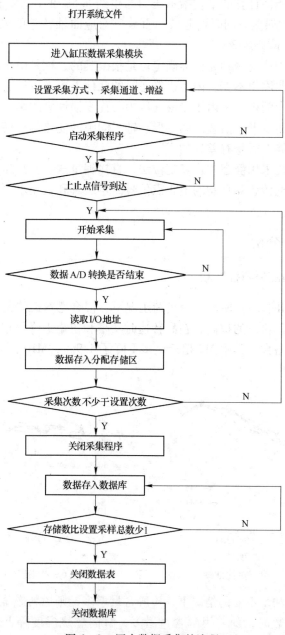

图 6 – 2　压力数据采集的流程

6.2.3　上止点的测录和标定

进行示功图分析时，精确标定上止点对分析判断发动机的工作过程和进行有关参数的计算有着重要的影响。文献［150］的分析表明，示功图上止点 1°CA 的定位误差就可能使计算的平均指示压力产生约 5.5% 的误差，造成计算的平均扭矩产生约 5% 的误差，同时引起放热百分率对应曲轴转角的最大偏差约 7% ~ 9%，最大放热率偏差约 3%。

对于上止点相位要做到完全准确定位是很困难的，这是由于活塞上止点位置对发动机来说并非固定不变。内燃机静态时的几何上止点可以看成有一个固定的位置，可是运转中的内燃机由于受燃气压力及往复惯性力的影响以及活塞与曲轴连杆机构因受力而变形、活塞的热变形、轴承间隙的变化等，使得在工作状态时的上止点相位与静态时是有差异的[150]。

本试验中系统采用静态上止点定位法、直接测量法、气缸压缩线法三者结合的方法，利用光电传感器自制的上止点信号测量装置和复化求积公式方法来确定动态上止点相位。

6.3　试验结果分析

6.3.1　混合燃料的外特性比较

如图 6 – 3 和图 6 – 4 所示，全负荷工况下，混合燃料燃烧的功率和扭矩变化并不大。随着甲醇含量的提高，在高转速时功率和扭矩下降得很小，在低转速时功率和扭矩下降略大。其中 M5 扭矩最多下降了 4.9%，M10 下降了 2.2%，M15 下降了 8.1%。

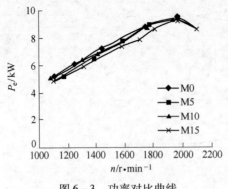

图 6 – 3　功率对比曲线

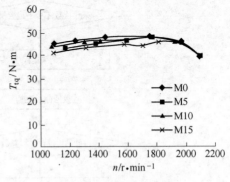

图 6 – 4　扭矩对比曲线

在每循环供油量不变的情况下，甲醇含量增多，则燃料燃烧热值降低，故功率减少。在低转数时，随着甲醇含量增多，缸内燃烧温度降低，燃烧放热率降低，做功能力下降。在额定转速时，柴油机处于良好的工作状态，燃烧充分，功率下降并不多。

燃油消耗率变化如图6-5所示。燃油消耗率随甲醇含量增加而增加。在最大扭矩转速到额定转速之间增加得较小,在低转速下增加得较多,其中,M5与M10相差不多。

排气温度变化如图6-6所示。随着甲醇含量的增加,排气温度先增加后降低。在额定转速时,M10混合燃料比纯柴油排气温度增加约5.2%,但M15降低约4.7%。在最大扭矩转速到额定转速之间,M5和M10升高,M15降低。在低转速时排气温度上升,但差别不多。

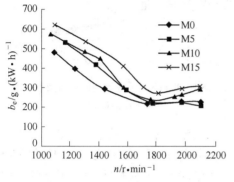

图6-5　燃油消耗率对比曲线

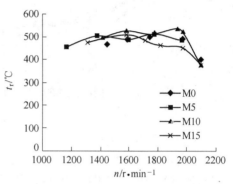

图6-6　排气温度对比曲线

6.3.2　混合燃料负荷特性分析

图6-7所示为燃用不同混合燃料时甲醇-生物柴油-柴油混合燃料的燃油消耗率(b_e)对比。由图6-7可以看出,随着甲醇含量的增加,燃油消耗率呈上升趋势,在低负荷时增加较大,在高负荷时差距有所缩小。10%负荷时,M5甲醇柴油混合燃料油耗率比柴油增加了1.8%,M10燃油消耗率增加了7.5%,M15燃油消耗率比柴油增加了8.2%,这是因为甲醇和生物柴油的热值比较低,相同体积的甲醇-生物柴油-柴油混合燃料释放的能量较柴油有所降低,因此,为了保证相同的功率输出能力,在甲醇含量较大时,需要改进柴油机的喷油系统,提高每个循环的燃油供给量。

由于甲醇与柴油的热值差别较大,仅采用燃油消耗率考察燃料经济性是不合适的,为此,引用能量消耗率BSEC(brake specific energy consumption)来进行对比分析[90],如图6-8所示。从图中数据对比可以得出,混合燃料和柴油的能量消耗率相差不多。M5燃料的能量消耗率与柴油相比略微改善,M10和M15燃料的能量消耗率在低负荷时略微恶化。随着负荷的增加,能量消耗率相差逐渐缩小。这是由于柴油机在小负荷工况时,气缸内混合气过稀,影响了整个燃烧过程,此时随着甲醇添加比例的增加,燃料蒸发吸收热量变大,燃料的能量消耗率会有略微的增加。随着负荷的增加，空燃比逐渐降低，且由于甲醇和生物柴油均为含氧燃料，氧元素在燃烧过程中起到助燃作用，因此随着负荷的增加，混合燃料的能量消耗率相差变小。

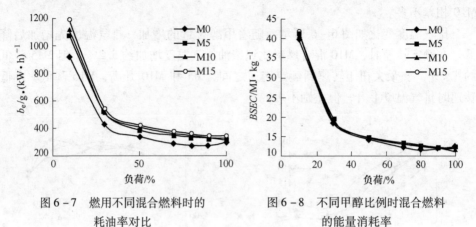

图 6 – 7　燃用不同混合燃料时的　　　　图 6 – 8　不同甲醇比例时混合燃料
　　　　　 耗油率对比　　　　　　　　　　　　　　 的能量消耗率

不同燃料在 1600r/min 时负荷特性曲线中的油耗率有所差别，如图 6 – 9 所示。在高负荷下，M10 的油耗率降低，说明其燃烧更好，效率更高，M5 和 M15 与柴油十分接近。从图 6 – 10 所示能量油耗率来看，M5 和 M15 均大于柴油，而 M10 小于柴油。在低负荷下，M5 的燃油消耗率最大，柴油的最小。甲醇 – 生物柴油 – 柴油混合燃料在低转速低负荷的情况下，不如柴油效率高。

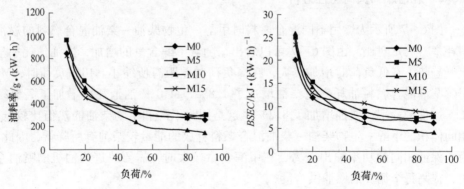

图 6 – 9　不同混合燃料在 1600r/min　　图 6 – 10　不同混合燃料在 1600r/min
　　　　　 时的耗油率　　　　　　　　　　　　　　　 时的能量消耗率

图 6 – 11 和图 6 – 12 所示为各燃料对排气温度的影响。从两个图中可以看出，甲醇的含量对排气温度的影响是很小的。1600r/min 的负荷特性中，低负荷时，三种混合燃料排气温度略低于柴油排气温度；高负荷时，M5 与柴油相差不多，M10 高于柴油，M15 低于柴油。2000r/min 时负荷特性中，低负荷时，三种混合燃料排气温度略高于柴油排气温度；高负荷时，与柴油几乎相同。从图中还

可以看出，在两种转速下，同一负荷燃用同一混合燃料时的排气温度几乎不变化。

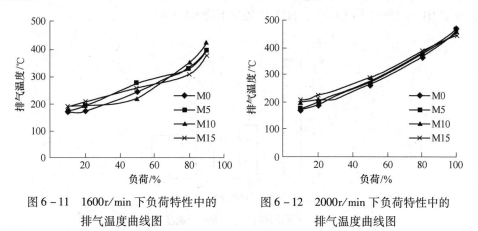

图 6 – 11 1600r/min 下负荷特性中的　　图 6 – 12 2000r/min 下负荷特性中的
　　　　　排气温度曲线图　　　　　　　　　　　排气温度曲线图

6.3.3 常规物排放特性分析

图 6 – 13 所示为全负荷工况下柴油机燃用 0 号柴油和 M5、M10、M15 混合燃料的烟度排放对比。图 6 – 14 所示为负荷特性下烟度排放对比。由图中数据可以看出，柴油机燃用甲醇 – 生物柴油 – 柴油混合燃料时烟度的排放较纯柴油时有所下降，全负荷时 M5 较柴油烟度下降 7.2% 左右，M10 较柴油烟度下降 14.6% 左右，M15 较柴油烟度下降 19.3%，在 80% 负荷时，M15 的烟度下降最大，达到了 38.8%。混合燃料可以降低烟度排放的原因是：甲醇和生物柴油均为含氧燃料，含氧燃料在燃烧过程中可以提供较多的氧，因此降低了燃料浓混合区缺氧的程度，也就在一定程度上抑制了碳烟的生成；另外甲醇的沸点比较低，使得甲醇在气缸内比柴油更容易蒸发雾化，更有利于燃料与空气的混合，提高了缸内混合气体的均匀性，从而降低了碳烟的排放。

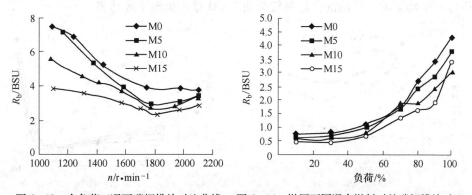

图 6 – 13 全负荷工况下碳烟排放对比曲线　　图 6 – 14 燃用不同混合燃料时的碳烟排放对比

图 6 - 15 所示为燃料在自由加速情况下的烟度排放。可以看出，甲醇 - 生物柴油 - 柴油混合燃料自由加速下烟度排放较柴油大为改善，其中 M5 较柴油下降 55%，M10 较柴油下降 60%，M15 较柴油下降 60.3%。

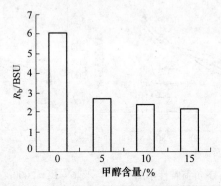

图 6 - 15　不同燃料自由加速时的烟度排放对比

图 6 - 16 和图 6 - 17 所示分别为外特性和负荷特性中混合燃料对 CO 排放的影响。可以看出，外特性下，低转速和高转速的 CO 排放较中间转速时大，随着甲醇含量的增加，CO 排放减少。负荷特性中，随着负荷的增加，CO 排放略微减少，但在高负荷时，CO 排放大大增加。在低负荷时，随着甲醇含量的增加，CO 的排放也增加。这是由于甲醇燃料的汽化潜热较大，使得含有甲醇的混合燃料在工作过程中平均循环温度降低，造成不完全燃烧的现象增多。随着负荷的增加，甲醇的吸热影响减小，含氧燃料中的氧原子对促进燃烧起更大的作用，使得柴油机的 CO 排放减少。甲醇 - 生物柴油 - 柴油混合燃料形成了微乳液，混合均匀，有助于燃料的雾化，促进燃烧，减少 CO 的生成。高负荷时由于空燃比较小，气缸内局部缺氧现象较为严重，导致 CO 浓度迅速上升，CO 排放迅速增加。另外在高负荷下，气缸内温度较高，有助于甲醇 - 生物柴油 - 柴油混合燃料的雾化，且甲醇和生物柴油均为含氧燃料，能促进燃料的充分燃烧，故在高负荷时，甲醇 - 生物柴油 - 柴油混合燃料较柴油的 CO 排放呈现下降趋势。

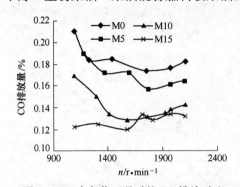

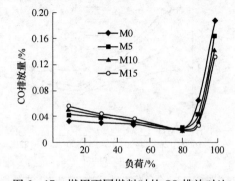

图 6 - 16　全负荷工况时的 CO 排放对比　　　图 6 - 17　燃用不同燃料时的 CO 排放对比

图 6 - 18 和图 6 - 19 所示为柴油机燃用混合燃料对 HC 排放的影响。可以看出，柴油机燃用甲醇 - 生物柴油 - 柴油混合燃料时，随着甲醇含量的增加，HC 排放呈上升趋势。负荷特性中，M5 的 HC 排放较柴油最大增加 40% 左右，M15 较柴油 HC 排放最大增加 80%，外特性中，M5、M10 与柴油的 HC 排放相差不多，但 M15 的 HC 排放增加很多。这是由于混合燃料中含有甲醇，使得混合气形成过程中缸内温度降低，可燃混合气的形成速度减小，未参与燃烧的燃油量增加。另外，甲醇的十六烷值低，混合燃料热值较低、着火性差也会使 HC 排放增加。

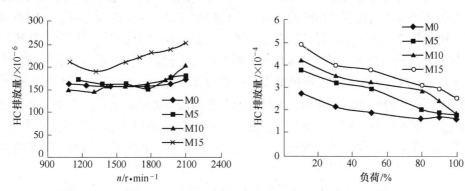

图 6 - 18　全负荷工况时的 HC 排放对比　　图 6 - 19　燃用不同燃料时的 HC 排放对比

图 6 - 20 和图 6 - 21 所示分别为外特性和负荷特性下 NO_x 的排放对比。外特性曲线中，NO_x 排放在中间转速约 1600 ~ 1900r/min 时 NO_x 的排放最高。从负荷特性中可以看出：负荷越高，NO_x 的排放率也越高。从低负荷到中负荷时，NO_x 的增加较快；从中负荷到大负荷时，NO_x 的增加速率变小。到 80% 负荷以上时，曲线基本平缓，但总体排量都不是很大，M10 约为 283×10^{-6}。甲醇含量对 NO_x 的排放也有影响，低负荷时，M5 的 NO_x 排放量比柴油高 36.2%；高负荷时，三种混合燃料与柴油相差不多，其中 M5 的 NO_x 排放最小，M10 的最大，两者也仅相差 4.9%。

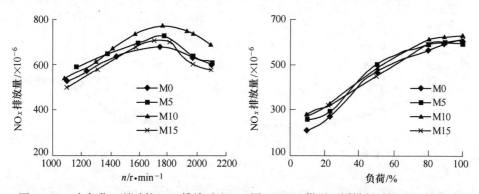

图 6 - 20　全负荷工况时的 NO_x 排放对比　　图 6 - 21　燃用不同燃料时的 NO_x 排放对比

6.3.4　非常规排放物排放分析

　　非常规排放物排放一直是甲醇作为替代燃料关注的问题之一。本书用气相色谱对甲醇 – 生物柴油 – 柴油混合燃料进行了排放测试，得到了非常规排放物甲醛和未燃甲醇的排放规律，如图 6 – 22 所示。图 6 – 22(a) 和图 6 – 22(b) 所示分别为 M5 在 20% 和 80% 负荷下的未燃醇和甲醛排放，图 6 – 22(c) 和图 6 – 22(d) 所示分别为 M10 在 20% 和 80% 负荷下的未燃醇和甲醛排放。由于电流强度与非常规排放物的含量成正比关系，并且醇在气相色谱仪中比醛先分离出来，因此左侧的峰值可以代表未燃醇的含量，右侧峰值可以代表甲醛的含量。从图中可以看出，非常规排放物的含量非常小，最大峰高总量仅为 0.713，体积分数均低于 10^{-5}。相同负荷下，甲醇含量增大，则未燃醇的排放增大，甲醛减少。相同甲醇含量下，负荷增大，则未燃醇减少，甲醛增大。这是因为相同的负荷下，甲醇含量越大，缸内燃烧温度越低，未燃醇的含量增加，燃烧不充分，中间生成物甲醛越少。在相同的甲醇含量下，负荷越大，甲醇的吸热影响越小，燃烧越充分，未燃醇的含量就越少，甲醛就越多。如图 6 – 23 所示，在中等负荷时，甲醇的排

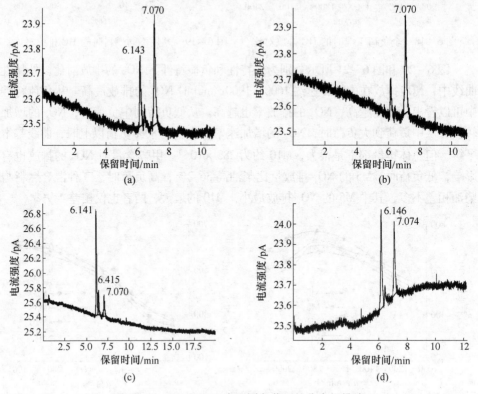

图 6 – 22　M5 和 M10 在不同负荷下的非常规排放

量比低负荷与高负荷时稍高，而甲醛的排量比高负荷与低负荷时略低。这是由于低负荷每循环供油量少，气体混合均匀充分，高负荷时缸内温度高，燃烧效果好。

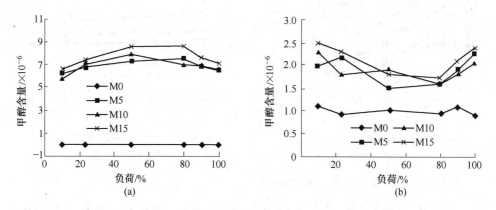

图 6 – 23   负荷对非常规排放物甲醇和甲醛的影响

上述的结果是在柴油机未做调整下的试验结果，如果燃料进一步改质，例如添加着火改进剂，能够部分降低非常规排放物的排放。另外，如果柴油机装备后处理系统，特别是氧化催化剂去除非常规排放物并不困难。

6.3.5 混合燃料的燃烧特性分析

燃烧起点、燃烧放热规律曲线形状和燃烧持续时间被认为是燃烧放热规律的三要素。本节对不同甲醇 – 生物柴油 – 柴油掺烧比的混合燃料试验结果进行对比分析。

6.3.5.1 滞燃期

在滞燃期内，燃烧室内进行着混合气准备的物理和化学过程。滞燃期是柴油机着火过程和燃烧过程中一个极为重要的时期，它是控制燃烧过程和改善燃烧过程的关键。

由于不改变发动机的结构，因此影响着火滞燃期的主要因素是化学反应速率。图 6 – 24 和图 6 – 25 所示为不同甲醇含量在不同工况下的滞燃期。滞燃期是指从喷油时刻到燃烧开始点的曲轴转角或时间。为了便于比较说明，本书用曲轴转角来表示。

甲醇的含量越大，滞燃期越长。在全负荷时，滞燃期随着转速的升高而减少。相同甲醇含量的滞燃期基本不变。只是随着负荷的增加会有略微降低的趋势。

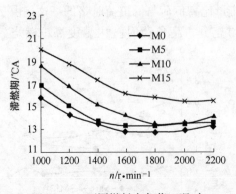

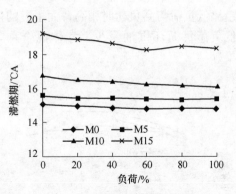

图 6－24　不同燃料全负荷工况时的滞燃期对比

图 6－25　不同燃料的滞燃期随负荷变化曲线对比

6.3.5.2　压力升高率和放热规律

图 6－26 和图 6－27 所示分别为甲醇－生物柴油－柴油混合燃料的示功图和压力升高率曲线。由图 6－26 可以看出，在同一工况下，随着甲醇含量的增加，柴油机的着火延迟增加，最大压力峰值增大且出现的位置后移。尽管燃烧结束时刻几乎没有变化，但由于燃烧放热始点后移，致使燃油经济性降低。图 6－27 表明柴油机燃用混合燃料后气缸内压力升高率增加，其峰值向后推移，这主要是由于混合燃料滞燃期延长和其低热值降低。其中 M15 最大压力升高率接近 0.45MPa/°CA，因此导致发动机工作粗暴，燃烧噪声大。这应该由两方面因素共同决定。一方面，甲醇的气化潜热较大使得燃料在雾化时周围温度迅速降低，另一方面混合燃料中甲醇的十六烷值较柴油小很多，使得滞燃期变长，最大燃烧压力升高。这两方面因素的共同作用造成了实际试验中的滞燃期的变化。甲醇低的沸点和黏度可降低燃料的表面张力，使含甲醇量较大的混合燃料更容易雾化和蒸发，提高了混合气形成质量，同时甲醇和生物柴油都为含氧燃料，燃烧速率快，都导致最大压力和压力升高率升高。

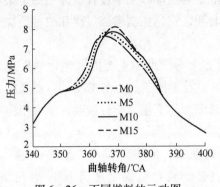

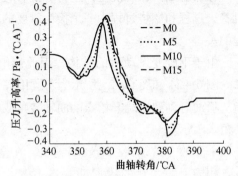

图 6－26　不同燃料的示功图

图 6－27　不同燃料的压力升高率图

　　进一步对示功图进行计算处理，得出放热规律和累计放热率，如图 6 - 28 和图 6 - 29 所示。从图 6 - 28 可以看出，燃料中添加甲醇后，放热率峰值也增大，并且甲醇的含量越大，效果越明显，正是因为甲醇的蒸发速度大于柴油，能形成更多的混合气，而且滞燃期增长，混合时间增长，从而提高了燃烧放热的峰值。

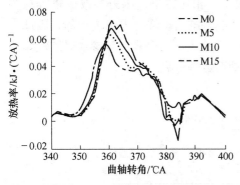

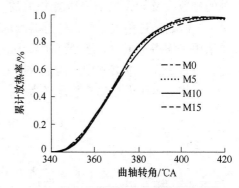

图 6 - 28　不同燃料的放热率图　　　　图 6 - 29　不同燃料的累积放热率图

　　从图 6 - 29 中累积放热率变化曲线可看出，三种混合燃料和柴油的累计放热率差别不大。燃用含 M10 混合燃料时，在 366°CA 以前累积放热率基本等于柴油，在 366°CA 后则略大于柴油，而 M15 的累积放热率略小于柴油。达到 95% 放热率时，柴油为上止点后 55°CA 时刻；M5 和 M10 为上止点后 53°CA 时刻，M15 为上止点后 57°CA。在上止点 70°CA 以后，混合燃料与柴油的累积放热率比较接近，基本趋近于 1。

　　从图 6 - 28 所示瞬时放热率曲线还可以看出，柴油中添加甲醇后，滞燃期延长，因而能够产生的可燃混合气较多，燃油混合阶段增长，燃烧的放热速率增加，且峰值略向后移。从累积放热率曲线可以发现，燃烧虽然有所滞后，但混合燃料与空气的混合速度和扩散燃烧速度均较柴油的高，燃烧持续期缩短。

　　基于前面对燃烧放热规律的分析可以认为，当柴油机燃用含有甲醇－生物柴油－柴油的混合燃料时，只要根据混合燃料热值的变化，相应地增加循环供油量，并适当地调整喷油提前角，可以使发动机在保持原机的动力性的同时，经济性得到提高。

6.3.6　混合燃料循环变动分析[7]

　　柴油机每个工作循环中的燃料供给、进气状态、缸内气体流动等情况不断变化，具体表现为压力曲线、火焰传播情况以及柴油机功率输出均不同。各循环之间可能出现显著的差异就是燃烧循环变动。它是柴油机燃烧过程的一个重要性能特征。

　　导致内燃机燃烧循环变动的原因很多，最主要的有以下两个因素：

（1）燃烧过程中气缸内气体运动状况的循环变动。

（2）每循环气缸内的混合气成分，由于空气、燃料、EGR 和残余废气之间混合情况变动而造成燃烧变动。

用于表征燃烧循环变动的参数很多，包括与压力相关的参数、与燃烧速率相关的参数以及与火焰前锋位置相关的参数等。相比之下，压力参数比较容易测量，一般是通过用气缸压力传感器测取内燃机各缸内燃烧压力来进行的，因此主要采用平均指示压力 p_{mi}、最高燃烧压力 p_{max}、最大压力升高率等参数对燃烧循环变动进行研究，本书采用平均指示压力变动系数进行表示。

平均指示压力变动系数定义为：

$$COV_{imep} = \frac{\sigma_{imep}}{imep} \times 100\%$$

$$\overline{imep} = \overline{p_{mi}} = \frac{1}{m}\sum_{j=1}^{m} p_{ij},\ \sigma_{imep} = \sqrt{\frac{1}{m}\sum_{i=1}^{m}(p_{ij} - \overline{p_i})^2}$$

式中，$\overline{imep}$ 为若干循环平均指示压力 p_{mi} 的平均值；σ_{imep} 为平均指示压力的标准偏差；P_{ij} 为第 i 循环的平均指示压力。

$$p_{mi} = \int pdV/V_h$$

式中，p 为瞬时压力；V 为瞬时体积；V_h 为总体积。

Nissan 公司的研究表明，COV_{imep} 是燃烧稳定性和评价车辆操纵性的主要参数，一般认为此值超过 10% 会导致车辆操纵性能的恶化。

图 6 – 30 所示为额定转速和 50% 负荷下，燃烧不同甲醇含量的混合燃料时，柴油机随循环变化的示功图。根据试验数据可以得出，M0 的 COV_{imep} 是 1.61%，M10 的 COV_{imep} 是 1.82%，M15 的 COV_{imep} 为 3.32%，在正常燃烧状态下，M0 缸内峰值压力的变化非常小，而 M15 缸内峰值压力的变化较大，最高压力峰值和最低压力峰值间差距将近 0.7Pa，这种循环间压力的大幅度波动将会导致发动机转速不稳，工作性能变差。

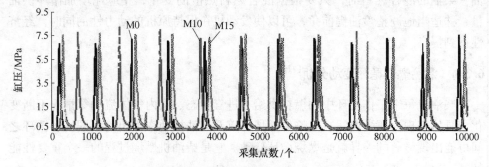

图 6 – 30　不同燃料的缸压随循环变化图

图 6-31 所示为额定转速下，不同燃料在不同负荷时的循环变动图。图中各个负荷点的 COV_{imep} 取的是该负荷下 COV_{imep} 的最小值。从图中可以看出，随着负荷的降低，柴油机所能取得的最小循环变动变大。负荷对燃烧循环变动的影响主要来自于混合气浓度对燃烧过程的影响。负荷降低，混合气变稀，燃烧持续期延长，缸内温度会降低，加大了着火和燃烧的不稳定性，导致循环变动变大。另外从图中可以看出，随着甲醇浓度的增加，缸内平均温度降低，燃烧反应速度减慢，燃烧持续期延长，循环变动也随之增大，而在甲醇浓度很稀时，甲醇对循环变动的影响很小，此时循环变动主要取决于柴油的浓度。

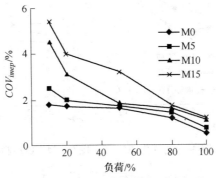

图 6-31 负荷对循环变动的影响图

燃烧循环变动是反应燃烧过程的重要参数，因而燃烧循环变动的程度必然影响到柴油机的热效率。图 6-32 所示为热效率随 COV_{imep} 和负荷的变化关系，随着 COV_{imep} 的增大，燃烧效率降低，因此指示热效率也相应地降低，而随着负荷增大，燃烧效率增加，指示热效率也增加。这是因为在同一负荷下，COV_{imep} 一般随着甲醇浓度的增加而增大，较浓的甲醇使得缸内平均温度降低，燃烧反应速率变慢，燃烧持续期延长，燃烧的不稳定性增加，燃烧趋于不完全，燃烧效率下降，热效率也随之下降。而随着负荷的增大，混合气变浓，更有利于燃烧反应的充分进行，燃烧效率相应升高，热效率也升高。

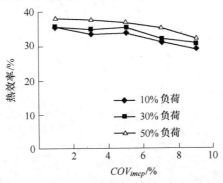

图 6-32 不同负荷的热效率随 COV_{imep} 变化图

　　图 6 – 33 和图 6 – 34 所示分别为 1350r/min 时，不同负荷下甲醇 – 生物柴油 – 柴油混合燃料燃烧的 HC 和 CO 排放随 COV_{imep} 的变化关系。在同一负荷下，HC 和 CO 排放均随 COV_{imep} 的增大而升高，较大的 COV_{imep} 所对应的甲醇浓度较高，燃烧反应速度减慢，燃烧温度降低，燃烧效率下降。燃烧反应不完全、燃烧效率下降是 HC 排放升高的主要原因，而反应温度降低、CO 氧化不充分则是导致 CO 排放增加的主要因素。

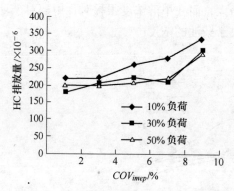
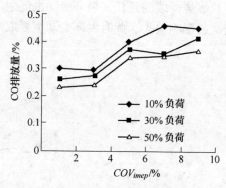

图 6 – 33　HC 排放随循环变动的变化图　　图 6 – 34　CO 排放随循环变动的变化图

第7章

模型的验证及其应用

7.1 数学模型的实现

对甲醇－生物柴油－柴油混合燃料在柴油机中的燃烧与排放进行数值模拟，主要基于计算流体力学 Fluent6.2 软件。随着计算机技术的不断发展，将化学动力学和流体力学联系起来成为可能。应用详细的化学反应机理进行燃烧计算虽可实现，但将其与 CFD 等多维模型相耦合进行燃烧模拟对计算机速度和存储量的要求十分苛刻。为了提高计算效率，以便广泛开展工程应用，通常是从详细机理中选取一些重要反应，组成精练而又适用的化学反应机理模型进行燃烧计算。常用的简化方法是将某些基元反应和组分设为准平衡或稳定态，或者是采用主成分分析法、总敏感性分析法等对模型进行简化。这样处理既可使数值模拟的结果具有较高的工程精度，又可缩短计算时间，同时也便于人们更深入地了解化学反应的本质特征，这在工程应用和理论研究上都具有重要意义。

在模拟计算甲醇－生物柴油－柴油混合燃料燃烧时，采用的是涉及 23 种组分 61 个基元反应的简化反应机理模型，并将简化化学动力学模型与 CFD 多维模型相耦合，进行燃烧与排放分析。由于非常规排放生成机理比较复杂，可以通过软件 Chemkin4.0 内嵌的发动机缸内物理化学模型，在加入缸壁传热模型的基础上，将混合燃料反应机理用于发动机工作过程模拟计算，进行非常规排放的机理分析，并结合试验数据分析其排放规律。

7.1.1 柴油机参数的选取

以 S195 涡流室式柴油机为模拟研究对象，计算工况为柴油机标定工况，所模拟计算的曲轴转角是从进气门关闭到排气门打开这个范围，即从上止点前 137°CA 开始计算，到下止点前 43°CA 计算结束，全程转角为 274°CA。喷油时刻在上止点前 18°CA，喷油压力为 13MPa。

7.1.2 边界条件

由于该模型没有进排气冲程，因此与外界无质量交换，故边界条件只考虑各壁面的温度和速度。假定计算过程中气缸盖、气缸壁、活塞顶温度均匀分布且保持恒定。初始条件取为进气后缸内充满新鲜空气，忽略残余废气对充量组成的影响。

壁面速度边界条件分为无滑移、自由滑移和湍流壁面率三种条件。这里采用湍流壁面率条件，即壁面流体速度等于法向壁面速度。壁面法向速度的分布为：

$$\frac{u}{u^*} = \begin{cases} 2.2\ln\dfrac{yU}{\nu} & \dfrac{yU}{\nu} > 114 \\[3mm] \sqrt{\dfrac{yU}{\nu}} \cdot & \dfrac{yU}{\nu} \leqslant 114 \end{cases} \qquad (7-1)$$

式中，y 为沿壁面法向距离；U 为到壁面距离 y 处的流体切向速度；ν 为流体运动黏度；u^* 为剪切速度，与壁面切应力 τ_w 和流体密度 ρ 有关，即 $u^* = \sqrt{\dfrac{\tau_w}{\rho}}$。

壁面湍流边界条件在"近壁函数方程"那一部分中再详细叙述。湍流壁面函数下，单位壁面面积的热流损失为：

$$f_w = \tau_w u = \rho (u^*)^2 u \qquad (7-2)$$

壁面温度条件有绝热壁面和固定温度壁面两种，这里采用固定温度壁面条件，壁面传热量由 Reynold 类比准则确定：

$$J_w = \begin{cases} \dfrac{\rho u^* c_p (T - T_w)}{Pr\left[\dfrac{u}{u^*} + 10.677\left(\dfrac{Pr_1}{Pr} - 1\right)\right]} & \dfrac{yU}{\nu} > 114 \\[5mm] \dfrac{\rho u^* c_p (T - T_w)}{Pr_1 \cdot \dfrac{u}{u^*}} & \dfrac{yU}{\nu} \leqslant 114 \end{cases} \qquad (7-3)$$

式中，T_w 为气缸壁面温度；Pr_1 为层流普朗特数；Pr 为普朗特数。

7.1.3　初始条件

在非稳态问题中，除了要给定边界条件外，还需给出流动区域内各计算点的所有流动变量的初值，即初始条件。但总体而言，除了要在计算开始前初始化相关的数据外，并不需要其他特殊处理，所以初始条件相对比较简单。

对于发动机而言，初始条件就是给定某一初始时刻的速度、压力、密度、温度等参数的分布。针对 S195 非增压水冷涡流室式柴油机中所有流动计算变量，整个计算域内各单元的初始条件是以其结构和运转参数作为计算的初始输入参数。对于温度、压力等参数按照压缩行程中进气门关闭时刻给予经验数值。

对于甲醇-生物柴油-柴油燃料的弹性模量确定比较难，但弹性模量与密度关系为 $E = \rho a_v^2$，a_v 为燃料音速。

$$a_v = \frac{6nL}{\Delta\phi} \tag{7-4}$$

式中，n 为发动机转速；L 为喷油管长度；$\Delta\phi$ 是从供油时刻到喷油时刻的曲轴转角。

对于发动机燃烧的湍流运动，还需要确定湍动能和湍流耗散率的初值，一般湍动能的初值可以取为按活塞运动所计算的缸内平均流动能的分数值：

$$k_0 = \kappa \bar{v}_{pis}^2 \tag{7-5}$$

式中，$\kappa \in (0, 1)$；$\bar{v}_{pis}$ 为活塞运动的平均速度。

湍动能耗散率初值为：

$$\varepsilon_0 = \xi \cdot \frac{(k_0)^{\frac{3}{2}}}{l} \tag{7-6}$$

式中，ξ 为经验常数；l 为缸内某一特征尺度。ξ 的取值与特征尺度 l 有关，当 l 为气缸直径时，$\xi \in (5, 10)$。

7.1.4 网格划分

采用动网格技术模拟活塞运动，计算压缩冲程与膨胀冲程。应用 Gambit 软件建立 S195 柴油机模型，使用 CFD 计算软件，采用结构网格与非结构网格结合的混合网格生成技术，对发动机进行适当的网格生成，其网格如图 7-1 所示，活塞顶面形状为铲形，网格如图 7-2 所示。

图 7-1　上止点前 90℃ A 和 10℃ A 时的网格情况

模拟计算过程中，由于缸内物质状态在时刻变化，因此采用一阶隐含式非稳态计算。燃油颗粒采用油滴碰撞和油滴破碎复合特性，湍流模型采用标准 $k-\varepsilon$ 模型，为反映化学动力学和缸内流动对燃烧的影响，采用了 PDF 非预混燃烧模型。计算方法采用 SIMPLE 算法对速度和压力场进行修正。

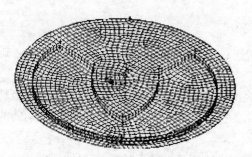

图7-2 活塞顶面网格形状

7.2 试验验证

现今科学技术迅速发展，出现了许多先进的仪器设备和测试方法，如利用内窥镜、透明光学发动机，采用高速摄影、激光诱导荧光法、微粒图像流速法等[151~154]，采集缸内燃油密度分布、温度场、流场等，就可以更精确地评价数值模拟计算结果的准确性，但是这些设备价格极其昂贵。因此，在缺乏先进仪器设备和手段的前提下，将模拟计算出的示功图、放热规律和排放物生成量等与试验结果相比较是合适的验证方法和手段，也可以说明模拟计算的准确性[155]。

根据设定的初始条件和边界条件，在额定工况下对 M0（纯柴油）、M5（甲醇含量5%）、M10（甲醇含量10%）、M15（甲醇含量15%）四种不同燃料的燃烧过程进行模拟。设定误差精度为 10^{-2}。

7.2.1 甲醇 - 生物柴油 - 柴油混合燃料示功图的比较

为了验证模型的正确性，需要将计算与试验测试的示功图进行对比分析，比较两者的燃烧压力、压力升高率和放热规律。

图7-3 所示为额定工况下 M5 混合燃料燃烧压力的模拟值与试验值对比曲

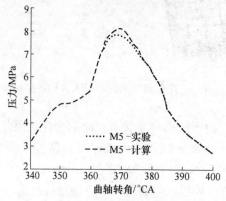

图7-3 M5 混合燃料燃烧压力对比曲线

线。从图中可以看出，计算结果和试验结果整体上来说是相当吻合的。在曲轴转角在340～350°CA之间时，模拟值稍微小于试验值，这是由于模拟值只是单个过程，没有考虑柴油机整个工作循环中，上个工作循环过程对这个循环过程的影响，上一个循环过程中的残余气体会提高缸内温度，加快分子的运动，在压缩过程中，分子的快速运动，会提高压力，但是这种影响很小。在曲轴转角在360～375°CA之间时，模拟值略大于试验值，这是由于模拟中喷油雾化等都处于理想状态，但在实际中，喷油雾化、油膜蒸发还是复杂关联的过程，甲醇和柴油燃烧反应过程也是相互影响相互关联的过程，但其误差不超过2.3%。

压力升高率和放热率曲线如图7－4和图7－5所示，计算和试验的压力升高率曲线与燃烧放热率曲线基本重合。说明模拟结果基本正确。

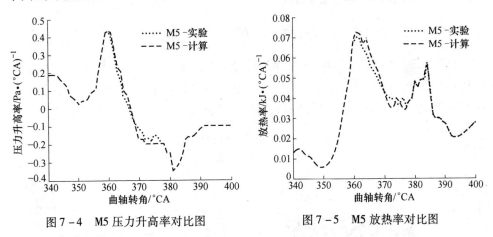

图7－4 M5压力升高率对比图 图7－5 M5放热率对比图

7.2.2 甲醇－生物柴油－柴油混合燃料的 NO_x 排放特性比较

额定工况下，模拟计算的 NO_x 排放和实测的 NO_x 排放的比较如图7－6所示。图7－6中左边柱状图的数值是实测的 NO_x 排放值，右边曲线是计算的缸内

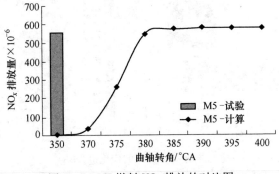

图7－6 M5燃料 NO_x 排放的对比图

NO_x 生成平均值，从图中可以看出，计算的 NO_x 生成量要比实测的 NO_x 排放值要高，M5 实测中 NO_x 排放量为 560×10^{-6}，而计算的 NO_x 生成量为 580×10^{-6}。误差相差了 3.4%。从总体上看，M5 混合燃料的 NO_x 生成量计算结果与实测的还是比较吻合的。

通过对柴油机额定工况下压力、压力升高率、放热率与 NO_x 排放计算结果与试验结果的对比分析，表明本书做的模拟工作能较好地反映柴油机实际燃烧过程的规律，能够用于实际问题分析。

7.3 模型的应用与分析

7.3.1 混合燃料燃烧与排放的分析

7.3.1.1 混合燃料燃烧过程中压力温度的变化

计算 M5 得到的温度和压力变化过程分别如图 7-7 和图 7-8 所示。从图 7-7 中可以看出，在压缩过程中，主燃烧室温度较高，然后通过通道逐步将热量传递到副燃烧室中，但是两个燃烧室的温度相差并不大。当压缩达到上止点时，由

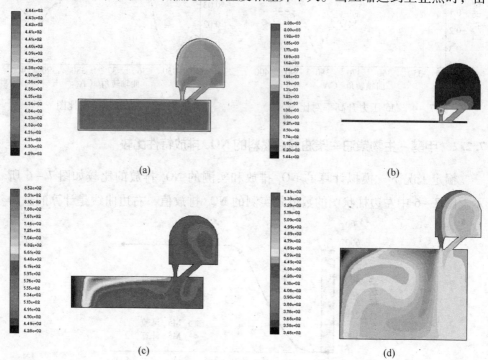

(a)　　　　　　　　(b)

(c)　　　　　　　　(d)

图7-7　温度的变化过程

(a) 270°CA；(b) 360°CA；(c) 450°CA；(d) 540°CA

于部分燃油已经燃烧，副燃烧室温度升高很快，但在燃油喷射处，由于油膜蒸发吸收热量，温度略微低些，这样可以看出油膜是边蒸发边燃烧，当活塞运动到上止点后 12℃A 时温度达到了最大，与燃烧的实际相符合。燃烧产生的热量通过通道又传递给了主燃烧室，靠近通道的一部分燃油会在副燃烧室内燃烧，使主燃烧室的温度升高很快。随着活塞向下运动，燃烧室的温度越来越低。

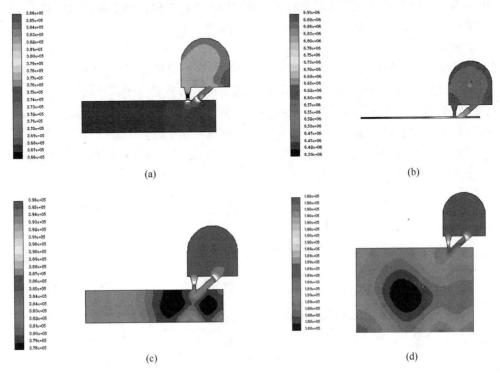

图 7 - 8   压力的变化过程
(a) 270°CA；(b) 360°CA；(c) 450°CA；(d) 540°CA

图 7 - 8 的变化基本和图 7 - 7 相似，压缩过程中，压力从主燃烧室传递给副燃烧室，在通道孔处压力有损失，压力场成环形放射状。在活塞运动到上止点时，由于燃油燃烧，压力升高很快，通过计算后发现在上止点后约 7℃A 时达到最大值，与试验结果基本一致。之后，压力随活塞的向下运动而逐渐降低，并且主、副燃烧室的压力差也越来越小。

根据混合燃料的化学反应动力学以及混合燃料在涡流室式柴油机中的压力、温度变化分析，可以将涡流室式柴油机燃烧过程分为低温化学动力学反应期、高温化学动力学反应期、主燃烧室扩散燃烧期三个阶段，前两个反应期主要是在涡流室中进行，第三个反应期主要在主燃烧室中完成。低温化学动力学反应期主要是燃料进行化学分解，开始生成各种含氧的化合物。此时反应进行的速度很慢，温度升高也很慢。一般认为这时反应过程中会形成醛基，醛基的形成可促使反应速度增加，从而可以缩短着火延迟时间，这种情况以甲醛的影响为最强，而且 H_2O_2、CH_2O、CO 及其他的一些化合物也开始出现，并且接着就可能产生爆炸。在高温化学动力学反应期，CO 和 H_2O 在产物中开始占支配地位，链中心主要是 H、O 和 OH。在主燃烧室扩散燃烧期，涡流室着火后，一部分燃料通过连接通道进入主燃烧室，与主燃烧室中的空气混合后再进行燃烧，由于此时主燃烧室的温度和压力较高，燃烧过程受湍流混合速率控制，可认为主燃烧室中为火焰微元扩散燃烧。

湍动能的变化过程如图 7－9 所示。活塞上行，湍动能增加，其中在主、副燃烧室的通道处，湍动能最大，这是由于通道口处的节流作用，增加了缸内气体在此处的涡流。当活塞运行到上止点后，副燃烧室内的湍动能最大，高湍动能区基本集中在喷油嘴、油束附近，有利于燃油的蒸发和扩散。随着燃油的雾化蒸发和燃烧，高湍动能区的变化范围增大，随着活塞的下行，通过通道口由副燃烧室向主燃烧室过渡。

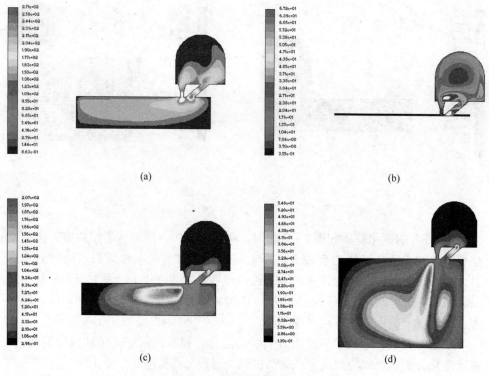

图 7－9　湍动能的变化过程

(a) 270°CA；(b) 360°CA；(c) 450°CA；(d) 540°CA

速度场的变化过程如图 7－10 所示。在压缩冲程中，缸内的气体受到活塞上行和通道口节流的作用，使得通道处速度发生变化，并在涡流室形成了逆时针的速度分布，当活塞运行到上止点的时刻，速度增加很快，这样就增加了气体的紊流程度，从而使得燃油快速蒸发和雾化。随着活塞的下行，缸内气流的速度场向主燃烧室过渡，增加主燃烧室的气流速度和紊流程度，使燃油快速均匀混合，加快燃烧反应。

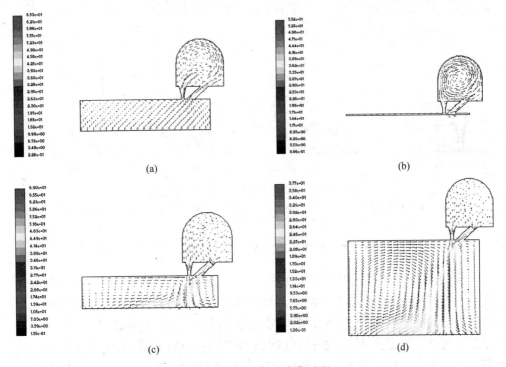

图 7-10　速度场的变化过程

(a) 270°CA；(b) 360°CA；(c) 450°CA；(d) 540°CA

　　燃油在涡流室中的变化情况如图 7-11 所示。喷油后，油束受到气体的湍流影响，形成逆时针的旋转方向。随着涡流室气流速度的增加，油束蒸发和扩散程

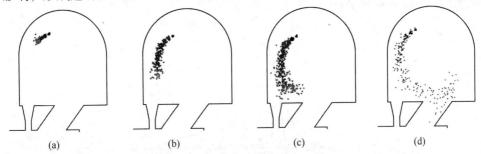

图 7-11　燃油在涡流室的变化情况

(a) 上止点前 15°CA；(b) 上止点前 10°CA；(c) 上止点前 5°CA；(d) 上止点后 5°CA

度增加，当活塞运行到上止点 5°CA 时，由于壁面碰撞，燃油扩散加快。当活塞运行到上止点后 5°CA，部分燃油通过主通道口进入主燃烧室。

火焰燃烧在涡流室中的变化情况如图 7-12 所示。火焰的分布与湍动能、速度和燃油蒸发过程密切相关。喷油之后，在上止点前 5°CA，在通道口处由于速度和湍动能较高，燃油在此蒸发后形成了火焰，火焰顺着气流的方向扩散到整个涡流室，并随着活塞的下行，一部分火焰传播到了主燃烧室。

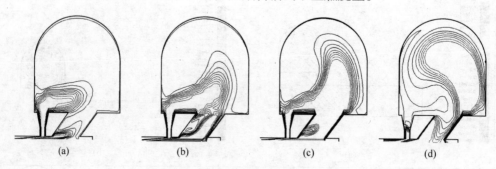

图 7-12 火焰燃烧在涡流室的变化情况

(a) 上止点前 5°CA；(b) 上止点前 2°CA；(c) 上止点后 2°CA；(d) 上止点后 5°CA

7.3.1.2 混合燃料燃烧中间产物 O、OH、CH_2O 等的变化情况[158,159]

M5 混合燃料燃烧主要中间产物的变化如图 7-13 所示。燃料经高压喷入气缸后，进行油滴破碎、蒸发、雾化、与空气之间扩散混合等一系列物理变化，同时进行燃油裂解氧化形成中间产物一系列化学反应。两个变化过程并不分段，而是互有重叠，互为交叉。在曲轴转角为 350°CA 时，CH_2O 和 H_2O_2 大量出现，燃料进入低温化学反应阶段。低温化学反应阶段大约持续了 10°CA，在上止点后 2°CA 左右，甲醛迅速消失，同时 O、H、OH 等自由基大量出现，燃料进入了高温化学反应阶段。高温化学反应阶段持续时间较短，说明燃烧反应剧烈，O、H、OH 等自由基生成的同时迅速消耗，还有一部分 O 自由基消耗较为缓慢，是在后续燃烧过程中逐渐被消耗掉。

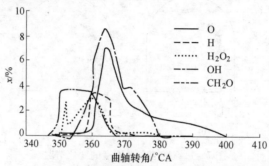

图 7-13 M5 混合燃料燃烧主要中间产物的变化

7.3.1.3 非常规排放物的生成机理

A 甲醛生成的机理

在低温化学动力学反应范围内，柴油（碳氢化合物）氧化机理相当复杂，涉及许多中间产物和反应。Bradley 给出的低温下碳氢化合物氧化的主要化学反应链由下式开始：

$$RH + O_2 \longrightarrow R + HO_2$$

而碳氢化合物原子团 R 的反应途径取决于温度、压力、化学当量比和燃气成分。在排气中发现大部分碳氢化合物均是在燃烧室内温度相当低（$T < 1000K$）区域内产生的。

由于甲醇分子中存在 OH 根，使醇的氧化、燃烧与其同族的烷烃相比显示出明显不同的特点。醇氧化的起始反应可能有两种基本途径：一种是 OH 被置换成烷基，另一种是从其他键开始形成以醛为代表的典型中间产物。至于哪一种占主导地位则取决于特定醇分子中键的强度和混合气的当量浓度。甲醇的主要起始反应为：

$$CH_3OH + M \longrightarrow CH_3 + OH + M$$

甲醇氧化反应中大约 70% ~75% 转变成 CH_2OH，25% ~30% 转变成氧甲基。CH_2OH 通过两条途径氧化，主要途径是与 O_2 反应，其次是热解。当 O_2 浓度下降，混合气浓度增加时，热解重要性增加：

$$CH_2OH + O_2 \longrightarrow H_2CO + HO_2 \quad CH_2OH + M \longrightarrow H_2CO + H + M$$

CH_3O 消耗途径也有两条：

$$CH_3O + H \longrightarrow CH_2 + H_2O \quad CH_3O + M \longrightarrow H_2CO + H + M$$

柴油机在低温化学反应阶段，由于缸内温度较低，因此热解不是主要途径。这样，甲醇燃烧时的反应为：

$$CH_3OH + OH \longrightarrow CH_2OH + H_2O \qquad CH_3OH + H \longrightarrow CH_2OH + H_2$$

$$CH_3OH + H \longrightarrow CH_3 + H_2O \qquad CH_3OH + CH_3 \longrightarrow CH_2OH + CH_4$$

$$CH_3OH + O \longrightarrow CH_2OH + OH \qquad CH_3OH + HO_2 \longrightarrow CH_2OH + H_2O_2$$

形成甲醛的反应为：

$$CH_2OH + O_2 \longrightarrow CH_2O + HO_2 \quad CH_2OH + M \longrightarrow CH_2O + H + M$$

$$CH_3 + O_2 \longrightarrow CH_2O + OH \qquad CH_3 + O \longrightarrow CH_2O + H$$

B 甲醛消失的机理

在高温时，链中心主要是 H、O 和 OH，主要支链反应为：

$$O + H_2 \longrightarrow OH + H$$

$$H + O_2 \longrightarrow OH + O$$

$$H_2 + OH \longrightarrow H + H_2O$$

在系统中建立起自由基库后，甲醛主要通过与自由基 H、O、OH 和 HO_2 反应消耗掉。因此，甲醛消失的反应为：

$$CH_2O + OH \longrightarrow CHO + H_2O \quad CH_2O + H \longrightarrow CHO + H_2$$

$$CH_2O + O \longrightarrow HCO + OH \quad CH_2O + M \longrightarrow CO + H_2 + M$$

从以上化学反应可以看出，缸内氧的浓度大，并在适宜的温度下，将促进甲醛的生成，而 OH、O 和 H 则有助于甲醛的消失。

在燃烧过程中，由于缸内气体温度较高，甲醛不宜形成。同时，甲醛在高温热力学反应期内，会碰到大量的 OH、O 和 H 等分子，因此也不能存在太久。但是在膨胀和排气过程中，如果存在未燃甲醇，它在适宜的温度和浓度下将会生成甲醛。

C　未燃甲醇的生成机理

淬冷是未燃甲醇排放增多的原因之一。甲醇的汽化潜热大，在相同的环境条件下，比柴油难于汽化。当甲醇混合气碰到气缸壁时，因受到激冷，造成火焰的淬冷和熄灭，不能实现完全燃烧，在排气冲程时排出机外，导致甲醇排放量增多。火焰的淬冷和熄灭还有另外一种可能，即活塞顶部和气缸壁所组成的环形间隙由于间隙小，火焰传播不进去，使间隙内存在的甲醇无法燃烧。

润滑油膜对甲醇蒸气的吸收和放出也是未燃甲醇排放增加的原因之一。在压缩过程中，因甲醇的浓度高而被油膜部分吸收的未燃甲醇，在燃烧过程中，气缸内的甲醇蒸气浓度降至零，吸附在气缸壁上的润滑油膜将甲醇蒸气释放出来，释放过程可能在做功和排气两个过程中。早期释放的燃料蒸气和高温燃烧产物混合和氧化，但后期释放者因和较冷的燃烧产物相结合，无法氧化，随着废气排出缸外。

此外，燃烧不完全也是未燃甲醇排放增多的原因之一。燃烧不完全的现象主要在怠速工况和低速低负荷工况下，此时残余废气量很大，使燃烧速率下降，甚至做功过程结束后，燃料在整个燃烧室内还不能完全燃烧，从而使未燃甲醇和 HC 增多。

D　NO_x 生成物的排放

NO_x 的变化情况如图 7 - 14 所示。NO_x 的生成与温度、氧含量和燃烧持续时间有关系，即高温、富氧和燃烧持续时间长的条件下容易生成 NO_x。燃油喷入气缸后，在涡流室内着火火焰附近，NO_x 生成浓度较大，然后扩散到整个涡流室，随着燃烧的持续，部分燃油在主燃烧室继续燃烧，主燃烧室温度升高，于是 NO_x 在主燃烧室的浓度升高，并且随燃烧时间的增加，生成量逐渐增多，但生成量的变化率逐渐减小。

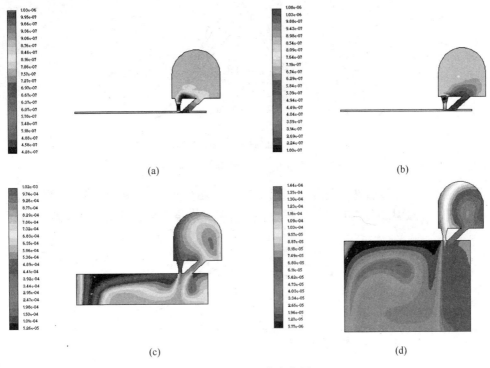

图 7 - 14　NO_x 的变化图

(a) 350°CA；(b) 360°CA；(c) 450°CA；(d) .540°CA

7.3.2　不同甲醇含量对燃烧排放的影响

7.3.2.1　缸内压力随曲轴转角变化的曲线

不同甲醇含量下，计算得到的缸内平均燃烧压力值随曲轴转角变化的关系（计算模型中设定转角增幅为1°CA）如图7 - 15所示。从计算得到的示功图可以看到柴油机燃用不同甲醇含量的燃料的最高压力值随甲醇含量的增加而增加，且最高压力点均向后移。模拟值与试验得到的结论基本相同。

7.3.2.2　不同甲醇含量对燃烧温度的影响

不同甲醇的燃烧对缸内的温度影响如图7 - 16所示。在压缩过程中，没喷油时缸内初始的温度相差不多。在喷油后曲轴转角4～6°CA附近，温度开始急剧升高，并随着甲醇含量的增多略有延迟。混合燃料的最高温度均高于纯柴油的最高温度，其中以M10的最高，约为1800K。这是因为随着甲醇含量的增多，因其气

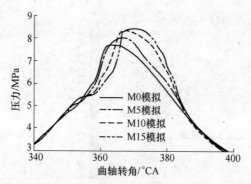

图 7-15　甲醇含量与缸内燃烧压力模拟值的关系

化潜热较大，蒸发吸热，将使缸内温度降低，滞燃期增长，但是甲醇火焰传播的速度快，导致温度急剧升高。甲醇燃料含有氧，燃烧充分，温度上升较高。

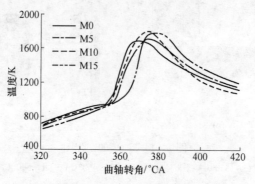

图 7-16　甲醇含量对温度的影响

7.3.2.3　不同甲醇含量对 NO_x 生成历程的影响

从图 7-17 中可以看出，随甲醇含量的增多，NO_x 排放先增加后降低。M10

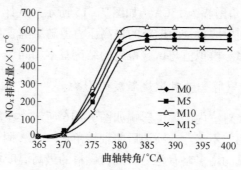

图 7-17　甲醇含量与 NO_x 生成的关系

的 NO_x 排放最高，约为 620×10^{-6}，M15 排放最少，约为 506×10^{-6}，相差了 19%。NO_x 的变化曲线与温度变化有关。NO_x 的生成条件之一是高温，因为甲醇含氧，燃烧充分，释放的热量多，当甲醇含量进一步增多时，其汽化潜热大，蒸发吸热，缸内温度降低，释放热量较小，NO_x 的含量减少。

7.3.2.4 不同甲醇含量对碳烟生成历程的影响

甲醇-生物柴油-柴油混合燃料明显地降低了碳烟的排放，由于甲醇、生物柴油燃料是含氧燃料，燃烧过程中氧元素会增多，改善了燃烧室内局部缺氧的情况，因而降低了碳烟的排放。甲醇含量与碳烟生成的关系如图 7-18 所示。

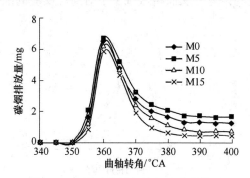

图 7-18 甲醇含量与碳烟生成的关系

7.3.2.5 不同甲醇含量对燃烧物质的影响

甲醇含量对燃烧过程中间产物也有影响。图 7-19 所示为低温化学反应中，甲醛的生成量与甲醇含量的关系。随着甲醇含量的增多，甲醛的生成量增多，而且生成甲醛的时刻也略有延迟，从而使得甲醛消失的时刻有所差异。在柴油机燃烧中，甲醇被周围的氧气所包围，加上其本身含氧，甲醇首先将通过以下反应：

$$CH_3OH + OH \rightleftharpoons CH_2OH + H_2O$$

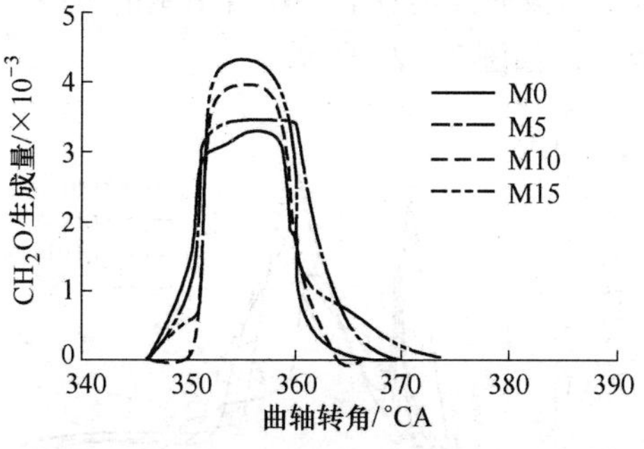

图 7-19 甲醇与 CH_2O 生成消耗的关系

转变成 CH_2OH，然后 CH_2OH 与氧反应形成甲醛。其主要反应为：

$$CH_2OH + O_2 \Longrightarrow CH_2O + HO_2$$

甲醇含量越多，甲醛的生成量也就越多。

由图 7 - 20 可知，当甲醇含量不同时 HO_2 自由基变化的差异不是特别明显。甲醇的含量增大，HO_2 的生成量略微减小，并且形成的和消耗的时刻略微后移，M15 比 M0 后移大约为 2℃A。由于基元反应 $HO_2 + HO_2 \Longrightarrow H_2O_2 + O_2$ 中活化能比较低，反应容易发生，因此 HO_2 成为 H_2O_2 的主要来源。另外，部分 HO_2 参与了反应 $H + HO_2 \Longrightarrow OH + OH$，将生成 OH，因此部分 HO_2 消耗后，储备了一些自由基 OH，为高温反应做了积累。甲醇含量增多，略微减少了 HO_2 的生成，因此略微减少了 H_2O_2 生成的条件，从而略微减少了对高温反应的准备。

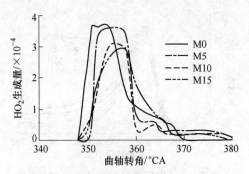

图 7 - 20 甲醇与 HO_2 生成消耗的关系

H_2O_2 的消耗主要通过下面的反应完成：

$$H_2O_2(+M) \Longrightarrow OH + OH(+M)$$

上面反应是 OH 自由基的主要来源。由于该基元反应的活化能较高，为 202.9kJ/mol，且是吸热反应，因而在温度较低的条件下反应不易进行，随着甲醇含量的增多，甲醇蒸发潜热大，降低了缸内温度，H_2O_2 反应时间延缓，因此在甲醇含量较高，燃烧反应温度较低的条件下，H_2O_2 将会不能完全分解转化为 OH 自由基，导致 H_2O_2 未被完全消耗和 OH 自由基的减少，最终使 CH_2O 排放量升高和 HCO 生成量减少，如图 7 - 21 所示。

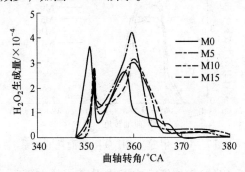

图 7 - 21 甲醇与 H_2O_2 生成消耗的关系

基元反应 $HCO + O_2 = CO + HO_2$ 是与 HCO 自由基有关的最重要的反应, 因为 HCO 的消耗途径主要通过与氧分子反应生成 CO 和 HO_2, 所以, 随着甲醇含量的升高, HCO 生成量减少, 由上述反应生成的 CO 的量也就减少, 如图 7–22 和图 7–23 所示。

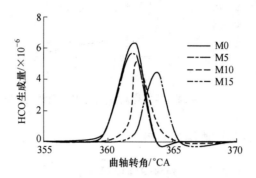

图 7–22 甲醇与 HCO 生成消耗的关系

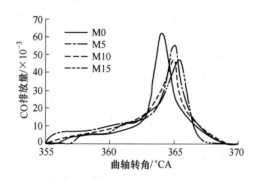

图 7–23 甲醇与 CO 生成消耗的关系

由图 7–23 还可以看出, CO 达到峰值后被迅速消耗掉, 甲醇含量增多, 反应时间略微滞后, 由于甲醇的火焰传播速度较快, 因此 CO 氧化消失的时刻基本相同。另外, 甲醇含量增多时, 其本身含氧, 在高温条件下, 容易生成较多的 OH 自由基, 也会导致 CO 氧化消耗完全。因为 CO 氧化成 CO_2 的最重要的基元反应为 $CO + OH = CO_2 + H$, 即在高温化学反应阶段, CO 主要被 OH 自由基氧化成 CO_2, 所以 OH 是促使氧化的最重要的自由基。

由图 7–24 可以看出, 随着甲醇含量的增多, 燃料开始消耗的时刻滞后, 说明混合燃料在低温反应时间增长, 即甲醇含量增多有利于低温化学反应, 生成醛基和过氧化氢, 为高温反应提供中间产物。但过多的甲醇含量将不易发生高温反应, 不利于燃料的迅速消耗, 会使整个燃烧过程增长。在不调整发动机结构参数的情况下, 动力性能减弱。

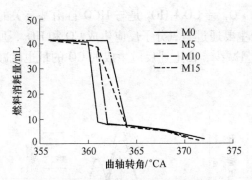

图 7 – 24　不同燃料在反应中的消耗

7.3.3　不同循环供油量对燃烧的影响

7.3.3.1　不同循环供油量对滞燃期的影响

由图 7 – 25 可知，循环喷油量增加会使滞燃期有所降低，但是不明显。对甲醇 – 生物柴油 – 柴油混合燃料的影响小于对柴油的影响。循环喷油量较小时，对滞燃期的影响稍微明显，而当循环喷油量较大时，对滞燃期的影响减弱。由于滞燃期是燃料所经历的化学准备时间，是燃料分子进行裂解和氧化形成中间产物的过程，因此影响滞燃期长短的是压缩过程的热力状态，每循环喷油量的增加会使整个过程的热力状态提高，因此会使滞燃期有些下降。

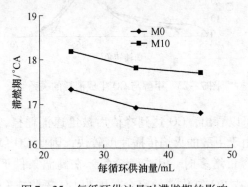

图 7 – 25　每循环供油量对滞燃期的影响

7.3.3.2　不同循环供油量对最大燃烧压力的影响

无论是混合燃料还是纯柴油，循环供油量的增加均会使最大燃烧压力增大，如图 7 – 26 所示。这是由于循环供油量增多，使得缸内形成的混合气增多，燃烧放热量多，因此缸内压力升高。循环供油量的提高增大了柴油机做功的能力。另外，甲醇的含量增多，最大燃烧压力也会变大。这是由于甲醇燃料中含氧分子可以使燃料燃烧充分，从而导致最大燃烧压力增大和甲醇火焰传播加快。但是最大燃烧压力的增大和甲醇火焰传播快速，会使压力升高率增大，造成柴油机噪声增大，工作粗暴，运动零件承受较大的冲击负荷，影响其工作可靠性和寿命。

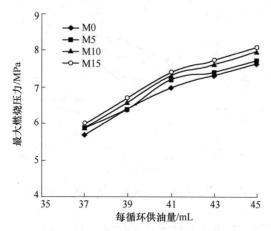

图 7 - 26   每循环供油量对最大燃烧压力的影响

7.3.3.3   不同循环供油量对碳烟排放的影响

由图 7 - 27 可知，无论是柴油还是甲醇 - 生物柴油 - 柴油混合燃料，增加循环供油量都可以使碳烟增加。其中每循环供油量小，生成碳烟减少，每循环供油量大，生成碳烟增加，每循环供油量的增加，使得缸内混合气浓度增大，混合气均匀程度降低，局部加浓现象严重，从而容易形成碳烟。

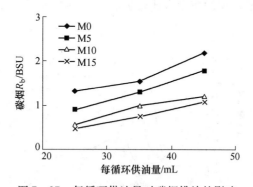

图 7 - 27   每循环供油量对碳烟排放的影响

7.3.3.4   不同循环供油量对 NO_x 排放的影响

如图 7 - 28 所示，循环供油量的增加有使 NO_x 排放增多的趋势。不同甲醇 - 生物柴油 - 柴油混合燃料，NO_x 的具体变化也不相同。柴油先是大幅度增加，后基本不变，M10 先是小幅度增加，然后再大幅度增加。随着甲醇含量的增多，NO_x 排放有所下降。每循环供油量越大，各种燃料的 NO_x 排放相差越小，这是由于每循环供油量增大，缸内燃烧温度增高，NO_x 易于形成。

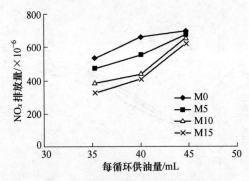

图 7 – 28　每循环供油量对 NO_x 排放的影响

7.3.3.5　不同循环供油量对燃烧化学反应的影响

甲醇 – 生物柴油 – 柴油混合燃料燃烧的低温反应由燃料与氧气直接反应开始，因此氧与燃料的浓度影响很大。此时化学反应是吸热反应，主要是燃料脱氢，形成最重要的自由基是羟基（OH）和过氧化氢自由基（H_2O_2）。

图 7 – 29 所示为不同循环供油量时自由基 OH 的变化情况。由图可以看出，随着循环供油量的增加，燃料浓度增加，OH 自由基的摩尔数迅速增加。而当每循环供油量为 25mL 时，OH 自由基浓度较低，摩尔数约为 0.4×10^{-3}，而且 OH 自由基形成较晚，消耗掉的速度也比较迟缓。

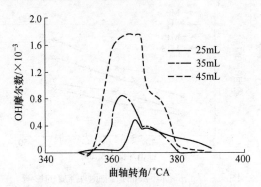

图 7 – 29　不同循环供油量时自由基 OH 的变化

OH 自由基在后来的碳烟氧化或消耗过程中所起的作用也不相同。在供油量为 25mL 时，OH 自由基浓度较低，O_2 或氧原子 O 是主要的碳烟粒子氧化剂；而在供油量为 45mL 时，由于 OH 自由基浓度较高，它比 O_2 或氧原子 O 更容易发生反应，所以 OH 自由基控制燃烧的链反应，在碳烟氧化中占主导地位。结合不同循环喷油量下 O_2 的摩尔分数变化图（如图 7-30 所示）可以看出，在低温化学反应中，循环供油量减小，O_2 的消耗率降低。在高温化学反应阶段，O_2 成为主要的氧化剂。随着循环喷油量的提高，氧气的消耗量增多。

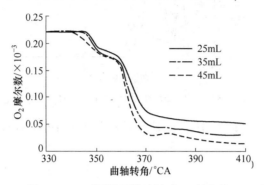

图 7-30　不同循环供油量时 O_2 的变化

由图 7-31 可以看出甲醛生成和消失的反应过程。甲醛产生于低温化学反应阶段，并在高温反应阶段开始后迅速消耗。循环喷油量多，则甲醛生成的量多。甲醛的生成时间随循环喷油量的增多而滞后，但消耗时刻提前，说明循环喷油量的增多能加快低温化学反应速度。

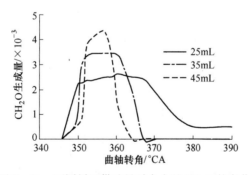

图 7-31　不同循环供油量时自由基 CH_2O 的变化

如图 7-32 所示，过氧化氢（H_2O_2）也在低温反应中迅速生成，循环供油量越大，H_2O_2 生成得越多。当循环供油量较小为 25mL 时，它有两个峰值，前者是在低温化学反应中，为高温化学反应做积累，后者是在高温反应中急剧生成和消耗，但时刻后移，说明较小的循环供油量，燃烧持续时间长，如果缸内温度下降得快，H_2O_2 转化 OH 的能力将下降，从而增加 HC 和 CO 的排放。

由于 CH_2O 的消耗主要通过反应 $CH_2O + OH = HCO + H_2O$ 完成，当 CH_2O 增多而 OH 自由基少时，CH_2O 将不能被完全氧化，其排放增加，导致污染环境，所以需要合理控制循环供油量。循环供油量太大，会造成反应中甲醛增多，相反

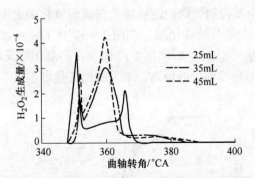

图 7 - 32　不同循环供油量时自由基 H_2O_2 的变化

如果太小，则没有足够的 OH 自由基使其氧化生成 HCO 和 H_2O，也会造成甲醛排放过多。

第 **8** 章

甲醇－生物柴油－柴油混合燃料
加速工况的分析与研究

在加速工况下，燃烧不同甲醇含量的混合燃料，其燃烧情况和排放状况与稳态时是不同的。造成这些不同的主要原因有[160,161]：

（1）柴油机运动质量惯性矩的影响。它只出现在柴油机速度工况改变的情况下。由于柴油机运动惯性功率可以被减小，但不可能消除，因此加速过程中的动力性、经济性和排放性都要比相应的稳定工况下小。

（2）柴油机内部的热平衡被破坏。由于柴油机各零部件的热力状态不同，特别是气缸－活塞组件在不同工况下具有大的热容量，将导致这些零部件的热力状态变化远比柴油机工况变化的时间长。柴油机的每一工况对应一定的热力状态，即零部件有着大致相同的平均温度，其传热过程稳定，热平衡各组成部分的热量分配为定值。当柴油机从一种工况向另一种工况转变时，机体内的热平衡由于零部件平均温度的变化而受到破坏。工况改变后，新的平衡不能马上建立起来，而是需要一定的时间来改变零部件的热力状态，以达到与新工况相适应的热力状态，从而形成了热惯性。热惯性直接影响柴油机的燃烧，进而对动力性、经济性和排放特性产生影响。

（3）混合气形成和气缸充量的变化。当柴油机加速时，产生附加空气动力损失，从而使循环充气量下降。由于进气歧管和气缸－活塞组件热惯性的作用，致使加速过程中对燃油的加热温度降低，其结果是燃油蒸发恶化，混合气形成失调。

（4）燃料理化性质的变化。由于燃料性质的影响，加速工况的分析变得更加复杂。对于不同甲醇－生物柴油－柴油混合燃料，加速工况下的燃烧参数，如燃烧持续角、最高燃烧压力、压升率和放热率等与稳定工况下有很大区别。加速工况下的燃烧放热过程受充气效率、过量空气系数和气缸－活塞组件热力状态的综合影响。影响加速工况燃烧过程最重要的因素就是混合气的形成。燃料的理化性质与混合气的形成密切相关。

8.1 柴油机加速工况与相对应的稳定工况比较

由于上述原因，造成加速工况和稳定工况在燃烧上有很多不同。加速工况下，变动比较大，M10 燃烧指示压力 p_i 在 $0.4 \sim 0.6$MPa 之间变动，最大燃烧压力 p_{max} 在 $4 \sim 7.5$MPa 之间变动，最大燃烧压力对应的曲轴转角 $\theta_{p_{max}}$ 在 $18 \sim 20°$CA

之间变动，燃烧持续转角 $\Delta\phi$ 在 $80 \sim 85°CA$ 之间变化，而稳定工况下变化平稳，其比较如图 8 - 1 ～ 图 8 - 4 所示。M10 加速工况的 p_i 和 p_{max} 比相对应的稳定工况有所下降，平均下降幅度可以达到 16.7%，而且加速前期，压力上下波动，极其不稳定，加速后期相对平稳。加速工况中，燃油雾化和蒸发都处于极其不稳定的状态，造成燃烧最大压力所对应的角度也不断变化，因此燃烧持续期增长。

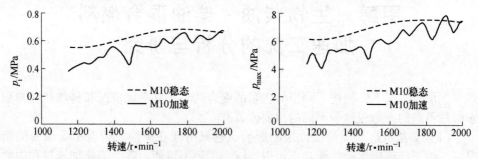

图 8 - 1　M10 稳定工况与加速工况的 p_i 比较　图 8 - 2　M10 稳定工况与加速工况的 p_{max} 比较

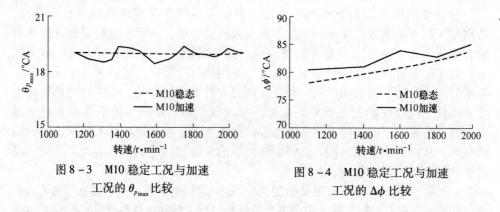

图 8 - 3　M10 稳定工况与加速
工况的 $\theta_{p_{max}}$ 比较

图 8 - 4　M10 稳定工况与加速
工况的 $\Delta\phi$ 比较

8.2　加速工况下柴油机循环指标的理论分析

加速工况下，柴油机的指示指标不仅是转速与负荷的函数，而且是其变化强度的函数。用数学形式可以表示为：

$$F = f(n, \varepsilon, K_d, \delta) \qquad (8-1)$$

式中，F 为柴油机的指示指标；n 为柴油机转速；ε 为角加速度；K_d 为油门开度；δ 为油门开度的变化率。

对式（8-1）进行差分，可以得到：

$$\Delta F = \frac{\partial F}{\partial n}\Delta n + \frac{\partial F}{\partial \varepsilon}\Delta \varepsilon + \frac{\partial F}{\partial K_d}\Delta K_d + \frac{\partial F}{\partial \delta}\Delta \delta \qquad (8-2)$$

式（8-2）中包括四项：

与柴油机转速变化有关的增量：

$$\Delta F_1 = \frac{\partial F}{\partial n}\Delta n \tag{8-3}$$

与角加速度变化有关的增量：

$$\Delta F_2 = \frac{\partial F}{\partial \varepsilon}\Delta \varepsilon \tag{8-4}$$

与油门开启程度变化有关的增量：

$$\Delta F_3 = \frac{\partial F}{\partial K_d}\Delta K_d \tag{8-5}$$

与油门开启速度变化有关的增量：

$$\Delta F_4 = \frac{\partial F}{\partial \delta}\Delta \delta \tag{8-6}$$

也就是说，加速过程同时有柴油机转速的变化和负荷变化两个过程。为了便于研究，假设加速过程分为两个阶段完成：首先，油门位置不变，转速变化；然后保持转速不变，只改变油门开度。其中油门开度不变仅转速变化的第一阶段可以看成沿速度特性加速的过程，第二阶段转速不变仅油门开度改变可以看成沿负荷特性加速的过程。

8.3 加速工况的分析方法与求解

将加速工况与稳定工况从定性到定量加以比较，是研究加速工况最基本的分析方法。为了实现发动机的加速过程变化的数值模拟，将每个瞬态点近似看成是准稳态状态，即用微小循环供油量变化的稳定状态逐步转化来代替整个加速过程，整个变化过程当成是一系列准稳态工况点按时间序列连续的集合。这是一种以稳态工况逐步转化加速工况的计算方法。稳态工况可以用 CFD 软件对其动力性和排放性模型计算求解。求解结果如图 8 – 5 所示。

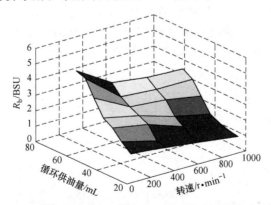

图 8 – 5　碳烟排放与转速、循环供油量的关系

在同样的循环供油量下，随着转速的提高，烟度排放减少。柴油机碳烟的高排放区主要出现在低转速区域，这是因为在低转速时，缸内温度低，燃烧组织不

好，燃料未完全燃烧，而此时排气温度低，所以形成碳烟微粒。

循环供油量的变化对柴油机碳烟排放影响较大。在同一转速下，进气充量、进气涡流基本上不变。随着负荷率的增加，循环供油量增加，空燃比减小，混合气局部过浓区域增多；同时，缸内燃烧温度升高。在高温缺氧的环境，碳烟排放随负荷的增加而增加。

循环供油量和转速对最大燃烧压力也有影响，其关系如图 8 - 6 所示。随着供油量的增加，最大燃烧压力升高。循环供油量升高，燃烧放出的热量就多，发动机做功能力增强。相同的循环供油量下，随着转速的提高，最大燃烧压力也增大，但在低转速时增加较大，特别是转速在 1000 ~ 1400r/min 时的变化情况，对最大燃烧压力的影响效果十分明显，而在高转速时增加较小。因为转速升高，气缸内湍流能力加强，燃油和空气混合状况改善，燃烧效果提高。

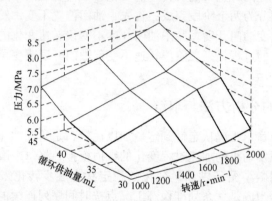

图 8 - 6 最大燃烧压力随循环供油量和转速变化的关系

图 8 - 7 ~ 图 8 - 10 是不同燃料的示功图随循环数的变化图。随着循环数的增加，燃烧的最大压力增大。加速前期压力升高较快，后期压力变化不大，趋于稳定。纯柴油和甲醇 - 生物柴油 - 柴油混合燃料相比较，柴油燃烧压力升高得较快，甲醇 - 生物柴油 - 柴油混合燃料升高得慢。

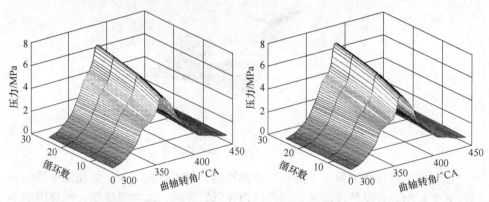

图 8 - 7 M0 示功图与循环数的变化图　　图 8 - 8 M5 示功图与循环数的变化图

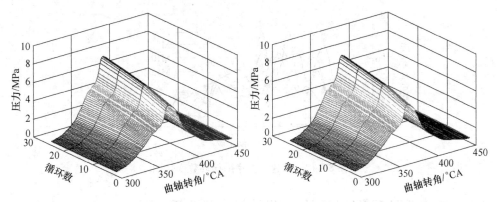

图 8-9 M10 示功图与循环数的变化图   图 8-10 M15 示功图与循环数的变化图

8.4 加速工况下转速变化分析

图 8-11 所示为不同混合燃料加速工况时，转速随循环数的变化曲线图。随着甲醇含量的增多，柴油机的加速时间变长，而且最高转速也呈下降趋势。M5 与 M10 甲醇混合燃料在供油拉杆最大位置时，最高转速下降不多，不到 50r/min，但 M15 的甲醇混合燃料最高转速不到 2000r/min，为 1960r/min，下降了 4.5%。

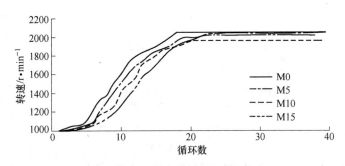

图 8-11 转速随循环数变化图

图 8-12 所示为转速升高率随循环数的变化图。从图 8-12 中可以看出，转速并不是平稳升高，转速升高率呈现了明显的上下波动现象。在加速工况初期的 3~8 个循环内，转速升高率变化最大，8~12 个循环中，转速升高率基本达到最大值，波动也较为平缓。14 个循环后，转速升高率减小，到 22 个循环后，转速基本保持了平稳。随着甲醇含量的增多，混合燃料加速反应时间变长。M5、M10 在第 4 个循环时，转速升高率急剧变大，而 M15 延迟到了第 7 个循环，转速升高率才急剧变大。

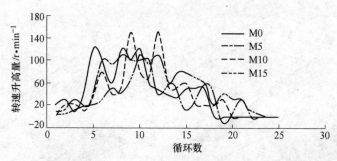

图 8-12　转速升高率随循环数变化图

8.5　加速工况下柴油机每循环供油量变化分析

　　自由加速工况在油门开启的过程中同相应稳定工况存在着供油方面的差异。当油门加速开始时，油门处于初始点相对稳定的位置，按照相应稳定工况下供油。油门开启加速时，供油拉杆加大，喷油量增加。油门全开时，供油拉杆处于最大位置，按照全负荷工况下供油。这样，在空气惯性及喷油量变化的共同作用下，使得自由加速过程的混合气形成十分复杂，与相应稳定工况下混合气的浓度差异也是显而易见的。循环供油量随循环变化如图 8-13 所示。

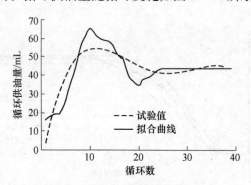

图 8-13　循环供油量随循环变化图

8.6　柴油机自由加速工况下的示功图分析

　　自由加速是柴油机非稳定工况中最为复杂的一种情形。它同时伴随有柴油机转速变化和负荷变化两个过程[160]，因此对不同甲醇含量的混合燃料进行分析。图 8-14 和图 8-15 所示为柴油和 M10 在自由加速工况下的实测示功图。

　　将不同甲醇含量的混合燃料实测示功图中最大燃烧压力进行对比分析，如图 8-16 所示。柴油的压力升高较快，17 个循环后，基本平稳了。随甲醇含量的增多，压力升高变得迟缓。M5 在第 3 个循环，M15 在第 5 个循环，压力才开始迅速上升，等到第 22 个循环时，压力才达到平稳，平稳后，M5、M10 最大的燃烧

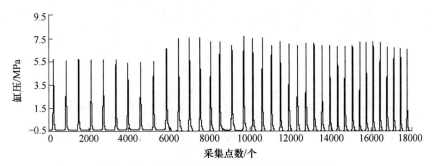

图 8-14 自由加速工况下柴油的示功图变化

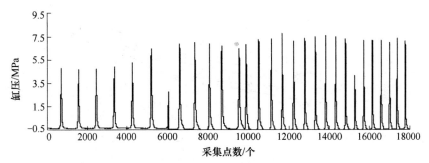

图 8-15 自由加速工况下 M10 混合燃料的示功图变化

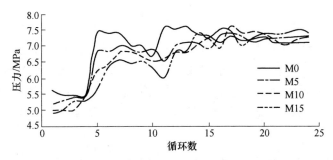

图 8-16 最大燃烧压力随循环的变化图

压力略大于纯柴油。以上说明在稳态时，混合燃料的热效率稍高，但加速工况的动力性能不如纯柴油。

最大压力升高率曲线如图 8-17 所示。可以看出，加速中，柴油变化反应迅速，而且最大燃烧压力的变化波动较小。甲醇含量越大，最大燃烧压力变化率的波动也就越大，而且加速反应时间也较长。

指示压力 p_i 的比较如图 8-18 所示。p_i 的变化是随转速的升高而增大，随着甲醇含量的增多，p_i 呈下降趋势。加速工况下的柴油 p_i 最大为 0.94MPa，M0 的 p_i 最大为 0.92MPa，而 M10 最大为 0.88MPa，M0 的最大变化为 34%，而 M10 的最大变化为 37.2%。

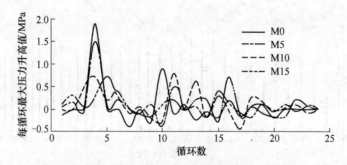

图 8 – 17 最大燃烧压力变化率随循环数的变化图

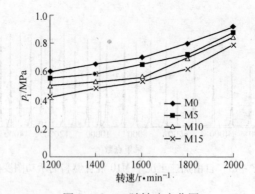

图 8 – 18 p_i 随转速变化图

图 8 – 19 ~ 图 8 – 22 所示为自由加速过程中，M0 和 M10 典型循环的实测示功图、压力升高率、放热率和累积放热率结果的比较。柴油比 M10 混合燃料的燃烧起点早，而且燃烧压力升高迅速，最大燃烧压力也略大，累计放热率高，燃烧结束时间也提前，燃烧持续时间缩短，这些都导致柴油的加速工况动力性好于 M10。

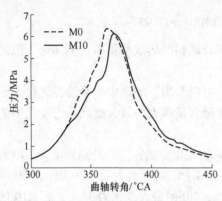

图 8 – 19 M0 和 M10 实测示功图比较

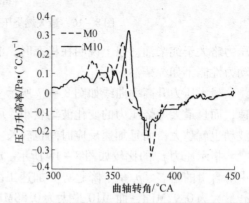

图 8 – 20 M0 和 M10 压力升高率比较

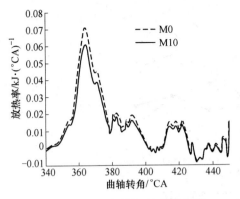

图 8 – 21　M0 和 M10 放热率比较

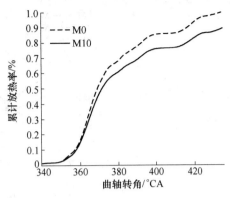

图 8 – 22　M0 和 M10 累积放热率比较

8.7　加速工况下的燃烧过程分析

8.7.1　滞燃期

加速工况下，不同燃料滞燃期的变化如图 8 – 23 所示。

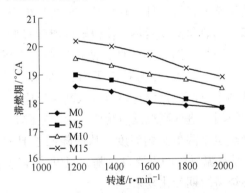

图 8 – 23　滞燃期的比较

加速工况下，滞燃期比相应稳定工况的长，随着甲醇含量的增多，影响更加显著。在加速过程中，油门的快速开启给混合气的形成过程产生了更强烈的影响，如进入气缸的充量温度和压力将以最快的速度变化，气流湍流的增加等均会导致滞燃期的变化。甲醇含量不同，混合燃料的理化特性不同，使得油滴的雾化和蒸发有很大差异，加上缸内气体的湍流使得各个区域混合过程不均匀，其低温化学反应受到很大的影响。

8.7.2　燃烧持续期

加速工况下，不同燃料燃烧持续期的变化如图 8 – 24 所示。

燃烧持续期的变化处于非常不稳定的状态。柴油的燃烧持续期 1800r/min 以

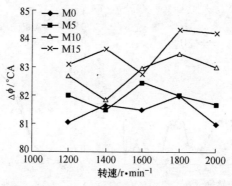

图 8 – 24　燃烧持续期的比较

下，随转速升高而增长，超过 1800r/min 时，燃烧持续期缩短。M10 在 1400r/min 以下时先下降，高于 1400r/min 时，燃烧持续期增长，燃烧持续期随甲醇含量的增加而增加。

8.7.3　加速过程中的燃烧化学反应机理

加速过程中，由于柴油机零部件的热惯性，使得缸内温度升高很慢，混合气加浓，造成燃料较多，因燃料蒸发吸热，使得缸内温度降低，当燃料中甲醇含量增加时，这种现象更加明显。温度的降低，使得低温化学反应时间增长，CH_2O 和 H_2O_2 形成速度慢。另一方面，甲醇抑制了 H、OH 和 O 等促进高温氧化反应的自由基的生成，这两个方面使得混合燃料进入高温反应时间延迟，从而增长了滞燃期。当燃料着火以后，进入高温反应阶段，由于甲醇含氧，使得 O 自由基增多，但是甲醇蒸发吸热也会降低缸内温度，从而降低了 H_2O_2 转化为 OH 的速度和含量，O 和 OH 都是高温反应的重要自由基，但甲醇含量与这两者生成和消耗的矛盾关系，使得燃烧持续期变化复杂。

8.8　加速工况下缸内过程的动力性评价问题

加速工况下柴油机的工作循环不具有一定的可再现性，它总是伴随着某一过渡过程的发生。将这一时间历程分割来评价瞬时发生的各种非稳定工况就必然有相当的不确定性。考虑柴油机工作循环指标在整个加速过程中变化的全过程，可以发现，与稳定工况相比，加速过程中柴油机的循环动力性下降和循环指标的波动性增大，也正是这两点造成了发动机加速性能的不足，因此可以用指示压力损失和循环变动两个指标来评价加速工况的动力性能。

指示压力损失：

$$p_{\Delta t} = \frac{\Delta t}{s} \sum_{k=1}^{s} \left[p_{iwk} - p_{if}(n_k) \right]$$

循环变动：

$$\sigma_{\Delta t} = \sqrt{\frac{1}{N} \sum \left[\frac{p_{ifk} - p_{if}(n_k)}{p_{if}(n_k)} \right]^2} \times 100\%$$

式中，(n_k, p_{iwk}) $(k = 1, 2, \cdots, s)$ 是发动机加速过程对应的相应稳定工况下的一组转速和平均指示压力；$p_{if}(n)$ 是发动机加速过程中的平均指示压力 p_{if} 随曲轴转速变化的数学期望；(n_k, p_{ifk}) 是对应的加速工况下的一组转速和平均指示压力。

显然，$p_{\Delta t}$ 和 $\sigma_{\Delta t}$ 的值越小，柴油机加速过程的性能就越好。不同燃料加速过程的 $p_{\Delta t}$ 和 $\sigma_{\Delta t}$ 计算结果见表 8 – 1。

甲醇 – 生物柴油 – 柴油混合燃料的 $p_{\Delta t}$ 和 $\sigma_{\Delta t}$ 均大于柴油，甲醇含量越多，$p_{\Delta t}$ 和 $\sigma_{\Delta t}$ 的变化越大。M10 的 $p_{\Delta t}$ 和 $\sigma_{\Delta t}$ 与柴油相差不太多，分别比柴油的增大 8.1% 和 5.5%，然而 M15 与柴油相差较大，分别比柴油的增大 22.6% 和 17%，使得 M15 的加速工况动力性明显不足。

表 8 – 1　不同燃料加速过程的 $p_{\Delta t}$ 和 $\sigma_{\Delta t}$ 计算结果

燃料类型	$p_{\Delta t}$/kPa · s	$\sigma_{\Delta t}$/%	燃料类型	$p_{\Delta t}$/kPa · s	$\sigma_{\Delta t}$/%
M0	455.2	3.62	M10	492.3	3.82
M5	482.6	3.71	M15	558.7	4.25

8.9　加速工况下碳烟与 NO$_x$ 的预测

根据柴油机的喷油特性，加速过程中从怠速工况到全负荷工况，以油门踏板在两个极限位置为例，准确设置柴油机随转速变化的循环喷油量，以 M0、M10 为燃料进行计算，可以得到碳烟排放特性，如图 8 – 25 所示。

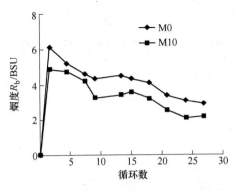

图 8 – 25　M0 与 M10 加速工况烟度的排放

图 8 – 25 表明，当加速后，供油拉杆处于最大位置时，喷油泵还处于低转数区域，碳烟排放较浓，特别是加速初始阶段，循环供油量的增多，使碳烟排放达

到了最大值，而后随着循环供油量的减少和转速的提高，碳烟排放有所降低，但依然保持较高的排放量。当经历了 10 个循环以后，喷油泵转速达到高转速区域时，碳烟排放逐渐降低。当转速稳定后，碳烟排放达到了最小。M10 比 M0 碳烟排放明显降低。

加速工况碳烟生成主要是在供油初期。在供油初期，供油拉杆从怠速工况迅速升高到全负荷工况处，而转数变化不大，造成缸内空气加浓，空燃比减小，碳烟微粒排放增加。冒黑烟现象严重。而在后期，转速和供油量趋于稳定，混合气混合均匀，碳烟排放减少。因此，混合气的均匀程度影响着碳烟的排放，循环供油量和转数都影响着混合气的均匀程度，从而影响了碳烟的生成量。相同转速下，降低循环供油量，可以降低碳烟的排放，但以牺牲动力性作为代价。

图 8-26 所示为加速工况下，M0 与 M10 燃料燃烧时 NO_x 的排放。在加速初期，NO_x 排放降低，这是因为循环初期，空燃比减小，混合气浓，不利于 NO_x 的生成。随着加速时间的增长，燃烧逐渐改善，NO_x 升高到最大值。而后转速继续升高，缸内紊流程度增加，混合气混合均匀，使得 NO_x 和碳烟排放均下降，当转速稳定时，NO_x 排放基本平稳。M10 混合燃料的 NO_x 排放要小于柴油。加速过程中，混合燃料的缸内温度小于柴油，NO_x 生成量减小。

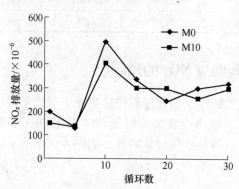

图 8-26　M0 与 M10 加速工况 NO_x 的排放

附录　甲醇－生物柴油－柴油混合燃料简化反应式

ELEMENTS

H　O　C　N

END

SPECIES

H　O_2　OH　O　H_2　H_2O　HO_2　H_2O_2　N_2　CO　CO_2　CH_3　CH_2O　HCO　CH_3O

CH_3HCO　C_3H_6　C_7H_{16}　C_7H_{15}　CH_2OH　CH_3OH　N　CH_4

END

THERMO

END

REACTIONS　　　　　　　　　　　　　　　　KJOULE/MOLE

! Units are cm^3,　mol,　s,　　kJ　and K

Reaction	A	n	E
$H + O_2 = OH + O$	2.2E+14	0.00	16.800
$H_2 + O = OH + H$	1.8E+10	1.00	8.826
$O_2 + H = OH + O$	2.0E+14	0.00	70.30
$OH + O = O_2 + H$	1.568E+13	0.00	3.52
$OH + H = H_2 + O$	2.222E+04	2.67	18.29
$OH + H_2 = H_2O + H$	1.17E+09	1.30	3.626
$OH + OH = H_2O + O$	6.0E+08	1.30	0
$H_2 + M = H + H + M$	2.23E+12	0.50	92.60
$H + OH + M = H_2O + M$	7.5E+23	-2.60	0
$H + O_2 + M = HO_2 + M$	2.1E+18	-1.00	0
$H + O_2 + N_2 = HO_2 + N_2$	6.7E+19	-1.42	0
$H + HO_2 = OH + OH$	2.5E+14	0.00	1.90
$H + HO_2 = H_2 + O_2$	2.5E+13	0.00	0.70
$HO_2 + OH = H_2O + O_2$	6.0E+13	0.00	0.00
$O_2 + H + M = HO_2 + M$	2.3E+18	-0.80	0.00
$HO_2 + H = H_2O + O$	3.0E+13	0.00	7.20
$HO_2 + O = OH + O_2$	1.8E+13	0.00	-1.70
$HO_2 + HO_2 = H_2O_2 + O_2$	2.5E+11	0.00	-5.20
$H + O_2 + O_2 = HO_2 + O_2$	6.7E+19	-1.42	0
$OH + OH + M = H_2O_2 + M$	3.25E+22	-2.00	0.00
$H_2O_2 + M = OH + OH + M$	1.692E+24	-2.00	202.29
$H_2O_2 + H = H_2O + OH$	1.0E+13	0.00	15.00
$H_2O_2 + OH = H_2O + HO_2$	5.4E+12	0.00	4.20

$H_2O + HO_2 \rightleftharpoons H_2O_2 + OH$	1.802E+13	0.00	134.75
$H + H + M \rightleftharpoons H_2 + M$	1.8E+18	-1.00	0.0
$OH + H + M \rightleftharpoons H_2O + M$	2.2E+22	-2.00	0.00
$O + O + M \rightleftharpoons O_2 + M$	2.9E+17	-1.00	0.00
$CO + OH \rightleftharpoons CO_2 + H$	4.4E+06	1.50	-3.10
$CO_2 + H \rightleftharpoons CO + OH$	4.956E+08	1.50	89.76
$CO + H + M \rightleftharpoons HCO + M$	1.136E+15	0.00	9.97
$CH_2O + H \rightleftharpoons HCO + H_2$	3.31E+14	0.00	10.50
$CH_2O + M \rightleftharpoons HCO + H + M$	1.4E+17	0.00	320.00
$CH_2O + O \rightleftharpoons HCO + OH$	1.81E+13	0.00	3.082
$OH + CH_2O \rightleftharpoons HCO + H_2O$	7.53E+12	0.00	0.17
$HCO + O \rightleftharpoons CO + OH$	1.0E+12	0.00	0
$HCO + H \rightleftharpoons CO + H_2$	2.0E+14	0.00	0.00
$HCO + OH \rightleftharpoons CO + H_2O$	1.0E+14	0.00	0.00
$HCO + O_2 \rightleftharpoons CO + HO_2$	3.0E+12	0.00	0.00
$HCO + M \rightleftharpoons CO + H + M$	7.1E+14	0.00	70.30
$CH_2OH + H \rightleftharpoons CH_2O + H_2$	3.0E+13	0.00	0.00
$CH_2OH + O_2 \rightleftharpoons CH_2O + HO_2$	1.0E+13	0.00	30.10
$CH_2OH + M \rightleftharpoons CH_2O + H + M$	1.0E+14	0.00	105.10
$CH_3 + O \rightleftharpoons CH_2O + H$	6.8E+13	0.00	0
$CH_3 + O_2 \rightleftharpoons CH_3O + O$	7.0E+12	0.00	25.652
$CH_3 + OH \rightleftharpoons CH_2O + H_2$	7.5E+12	0.00	0
$CH_3O + M \rightleftharpoons CH_2O + H + M$	2.4E+13	0.00	28.812
$CH_3O + H \rightleftharpoons CH_2O + H_2$	2.0E+13	0.00	0
$CH_3O + OH \rightleftharpoons CH_2O + H_2O$	1.0E+13	0.00	0
$CH_3O + O \rightleftharpoons CH_2O + OH$	1.0E+13	0.00	0
$CH_3O + O_2 \rightleftharpoons CH_2O + HO_2$	6.3E+10	0.00	2.60
$CH_3 + O_2 \rightleftharpoons CH_2O + OH$	5.2E+13	0.00	34.574
$CH_3HCO + O \rightleftharpoons CH_3 + CO + OH$	5.0E+12	0.00	1.90
$CH_3HCO + OH \rightleftharpoons CH_3 + CO + H_2O$	1.0E+13	0.00	0
$C_3H_6 + O \rightleftharpoons CH_3 + CH_3 + CO$	5.0E+12	0.00	0.454
$C_3H_6 + OH \rightleftharpoons CH_3HCO + CH_3$	1.0E+13	0.00	0
$C_7H_{16} + H \rightleftharpoons C_7H_{15} + H_2$	6.1E+14	0.00	8.469
$C_7H_{16} + O \rightleftharpoons C_7H_{15} + OH$	1.6E+14	0.00	4.569.
$C_7H_{16} + OH \rightleftharpoons C_7H_{15} + H_2O$	1.7E+13	0.00	0.957
$C_7H_{15} \rightleftharpoons CH_3 + C_3H_6$	3.7E+13	0.00	28.708
$CH_3OH + H \rightleftharpoons CH_2OH + H_2$	4.0E+13	0.00	25.50
$CH_3OH + OH \rightleftharpoons CH_2OH + H_2O$	1.0E+13	0.00	7.10

END

参 考 文 献

［1］节能减排促使铁路装备行业步入高速发展黄金期［J/OL］. http：//www. chuandong. com/news/news. aspx？id＝40629.

［2］统计局：去年末全国民用汽车保有量超 1.5 亿辆［J/OL］. http：//news. 163. com/15/0226/10/AJCFKHEM00014JB6. html.

［3］吴学安. 石油对外依存度攀升拷问能源安全［J/OL］. http：//www. cnenergy. org/dujia/201502/t20150202_ 344592. html.

［4］多机构称机动车污染是大中城市灰霾重要原因［N/OL］. http：//www. yicai. com/news/2015/03/4580550. html.

［5］丁焰. 中国城市交通污染的治理措施［J/OL］. http：//www. chinahighway. com/news/2015/924366. php.

［6］环境署. 欧盟 2014 年新车 CO_2 排放值下降 2.6%［N/OL］. http：//auto. 163. com/15/0417/08/AND13GPB00084TV1. html.

［7］Bengt Johansson, Max Ahman. A comparison of technologies for carbon－neutral passenger transport［J］. Transportantion Research Part D, 2002(7)：775～796.

［8］蒋德明. 高等内燃机原理［M］. 西安：西安交通大学出版社, 2002.

［9］Carlo N Hamelinck, Andre′ P C, Faaij. Outlook for advanced biofuels［J］. Energy Policy, 2006 (34)：3268～3283.

［10］Joan M Ogden, Robert H Williams, Eric D Larson. Societal lifecycle costs of cars with alternative fuels/engines［J］. Energy Policy, 2004(32)：7～27.

［11］Kanae Niwa, Shigerru Inoue. Advance of Technology on Methanol Fuels and Methanol Vehicles in Japan［J］. SAE paper952753.

［12］汪卫东. 醇燃料是未来中国汽车替代能源的重要选择［J］. 汽车研究与开发, 2005 (4)：15～18.

［13］吴域琦, 冯心理. 甲醇——后石油时代的一颗明星［J/OL］. http：//www2. ppttt. com/12_ 48416_ d1. htm.

［14］Thomas C E, James B D, Lomax F D, et al. Fuel options for the fuel cell vehicle：hydrogen, methanol, or gasoline？［C］//Fuel Cell Reformer Conference. Canada, 1998(12).

［15］万升龙, 李均. 国内外车用含醇燃料的研究和应用近况［J］. 石油商技, 2003, 21 (4)：5～8.

［16］朱起明. 我国发展醇醚汽车清洁燃料的可行性和优越性［J］. 煤化工, 2004, 114(5)：6～11.

［17］Vaivads R H, Bardon AM F, Battista V. A Computational Study of the Flammability of Methanol and Gasoline Fuel Spills on Hot Engine Manifolds［J］. Fire Safety Journal, 1997(28)：307～322.

［18］梁英. 全甲醇燃料汽车尾气的生物学效应研究［D］. 成都：四川大学, 2005.

［19］The Los Angeles country Metrapotitan Transportation Authority（LACMTA）. Methanol Buses Return to Los Angles［J/OL］. http：//www. afdc. org（Alternative Fuel Data Center of

USA).

[20] Bartunek B, Verwendung Von. Methanol in PKW – Motoren mit Direkeinsprit zuang [J]. Tagung Wolfsburg, 1992(12).

[21] Waldermar Liebner, Martin Rothaemel, Jens Wagner. Creating Value Form Stranded Natural Gas [J]. Petrochemicals and Gas Processing, 2003, 142.

[22] 山西北达发动机制造有限公司年产 10 万台发动机（甲醇）项目总设计规划招标公告 [EB/OL]. http：//www. bidnews. cn/caigou/zhaobiao – 1650971. html.

[23] 鹿建平, 朱虹. 甲醇汽油清洁燃料在桑塔纳轿车上的应用 [J]. 山西交通科技, 2004, 165(3)：75～76.

[24] Kumar M S, Ramesh A, Nagalingam B. An experimental comparison of methods to use methanol and jatropha oil in a compression ignition engine [J]. Biomass Bioenergy, 2003, 25：309～318.

[25] Kerihuel A, Senthil Kumar M, Bellettre J, et al. Investigations on a CI engine using animal fat and its emulsions with water and methanol as fuel [J]. SAE Paper05011729.

[26] Senthil Kumar M, Kerihuel A, Bellettre J, et al. Effect of water and methanol fractions on the performance of a CI engine using animal fat emulsions as fuel [J]. IMech Eng., 2005, 219：583～592.

[27] Hirotaka Ishihara, Yasuhiro Daisho, Hitoshi Saito, et al. Visualizing Ignition and Combustion of Methanol Mixtures in a Diesel Engine [J]. JSAE Review, 1997(18)：185～209.

[28] 毛功平, 刘永启, 潘立国. 内燃机燃用甲醇的研究进展和发展前景 [J]. 山东内燃机, 2005, 86（2）：34～38.

[29] 马勇磊. 排气污染的前处理 [D]. 南宁：广西大学, 2004.

[30] 张军昌. 柴油—甲醇双燃料发动机试验研究 [D]. 杨凌：西北农林科技大学, 2004.

[31] 王继先, 蔡曾华. 柴油机燃用柴油/甲醇双燃料的试验研究 [J]. 农业工程学报, 2001(02)：75～79.

[32] 王利军, 刘圣华, 邹洪波, 等. 高比例甲醇柴油双燃料发动机燃烧与排放特性的研究 [J]. 西安交通大学学报, 2007(01)：13～18.

[33] 汪洋, 蒋宁涛, 郑尊清, 等. 甲醇/柴油双燃料发动机的性能 [J]. 燃烧科学与技术, 2004(05)：451～454.

[34] 邹洪波, 王利军, 刘圣华. 引燃柴油量对甲醇/柴油双燃料发动机的影响 [C] //2006 代用燃料汽车国际学术会议, 成都, 2006：53～55.

[35] Suppes G J, Chen Z, Chan P N. Review of cetane improver technology and alternative fuel application [J]. SAE Paper 962064：227～273.

[36] 方显忠, 刘巽俊, 金文华, 等. 直喷压燃式发动机用双喷射系统燃用柴油 – 甲醇的研究 [J]. 内燃机学报, 2003, 21(6)：411～418.

[37] 方显忠, 刘巽俊, 刘忠长, 等. 缸内双直喷系统压燃式发动机燃用甲醇和乙醇的性能比较 [J]. 内燃机学报, 2004, 22(4)：514～517.

[38] 郭召宝. 甲醇柴油乳化燃料研究 [D]. 天津：天津大学, 2003.

[39] 吴楚, 魏建勤, 史春涛. 柴油 – 甲醇乳化燃料乳化剂的最佳 HLB 值及水含量的影响

［J］. 内燃机工程，2004(02)：40～44.

［40］ Armasa O，Ballesterosa R，Martosb F J，et al. Characterization of light duty Diesel engine pollutant emissions using water – emulsified ［J］. Fuel，2005，84：1011～1018.

［41］ Barnes A，Duncan D，Marshall J，Psaila A，et al. Evaluation of water – blend fuels in a city bus and an assessment of performance with emission control devices ［J］. SAE paper 2001011915.

［42］ Lapuerta M，Armas O，Ballesteros R，et al. Fuel formulation effects on passenger car Diesel engine particulate emissions and composition ［J］. SAE paper，2000－01－1850.

［43］ Jager – Lezer N，Terrisse I，Bruneau F，et al. Influence of lipophilic surfactant on the release kinetics of water – soluble molecules entrapped in a W/O/W multiple emulsion ［J］. Controlled Release，1997，45：1～13.

［44］ Lin C Y，Wang K H. The fuel properties of three – phase emulsions as an alternative fuel for diesel engines ［J］. Fuel，2003，82：1367～1375.

［45］ Kerihuel A，Senthil Kumar M，Bellettre J，et al. Use of animal fats as CI engine fuel by making stable emulsions with water and methanol ［J］. Fuel，2005，84：1713～1716.

［46］ Lin Chengyuan，Wang Kuohua. Diesel engine performance and emission characteristics using three – phase emulsions as fuel ［J］. Fuel，2004，83：537～545.

［47］ Crookes R J，Kiannejad F，Nazha M A A. Seed oil bio fuel of low cetane number：the effect of water emulsification on diesel engine operation and emissions ［J］. J Inst Energy，1995，68：142～151.

［48］ Crookes R J，Nazha M A A，Kiannejad F. Single and multi cylinder diesel – engine tests with vegetable oil emulsions ［J］. SAE Paper 922230.

［49］ Yoshimoto Y，Tsukahara M，Kuramoto T. Improvement of BSFC by reducing Diesel engine cooling losses with emulsified fuel ［J］. SAE paper 962022.

［50］ Selim M Y E，Elfeky S M S. Effects of Diesel/water emulsion on heat flow and thermal loading in a precombustion chamber Diesel engine ［J］. Appl Thermal Eng.，2001，21：1565～1582.

［51］ Desantes J M，Arrègle J，Ruiz S，et al. Characterisation of the injection – combustion process in a common rail D. I. Diesel engine running with fuel – water emulsion ［C］//Proceedings of EAEC Congress，Barcelona，1999：59～68.

［52］ Park J W，Huh K Y，Park K H. Experimental study on the combustion characteristics of emulsified Diesel in a rapid compression and expansion machine ［J］. Proc. Inst. Mech. Eng.，2000，214(Part D)：579～586.

［53］ Kadota T，Yamasaki H. Recent advances in the combustion of water fuel emulsion ［J］. Prog Energy Combust Sci.，2002，28：385～404.

［54］ Harbach J A，Agosta V. Effects of emulsified fuel on combustion in a four – stroke Diesel engine ［J］. J Ship Res.，1991，35(4)：356～363.

［55］ Barnaud F，Schmelzle P，Schulz P A. An original emulsified Water – Diesel fuel for heave – duty applications ［J］. SAE paper2000011861.

［56］ Cornet I，Nero W E. Emulsified fuels in compression ignition engines ［J］. Ind Eng Chem.，

1995, 47(10)：2133～2141.

[57] Castro D M, Alfonso J, Rubinos R, et al. Water/gas oil emulsions using residual as emulsifier [C] //Proceedings of Emulsions World Conference, France, 1997.

[58] Samec N, Kegl B, Dibble R W. Numerical and experimental study of water/oil emulsified fuel combustion in a Diesel engine [J]. Fuel, 2002, 81：2035～2044.

[59] Park J W, Huh K Y, Lee J H. Reduction of NO_x, smoke and brake specific fuel consumption with optimal injection timing and emulsion ratio of water - emulsified Diesel [J]. Proc. Inst. Mech. Eng., 2001, 215：83～93.

[60] Tsukahara M, Yoshimoto Y. Reduction of NO_x, smoke, BSFC, and maximum combustion pressure by low compression ratios in a Diesel engine fuelled by emulsified fuel [J]. SAE paper 920464.

[61] Tsukahara M, Murayama T, Miyamoto N, et al. Influence of combustion chamber configurations on the combustion in Diesel engine driven by emulsified fuel [J]. Bull JSME, 1982, 25 (208)：1567～1573.

[62] 刘永启, 王延霞. 柴油 - 甲醇 - 水复合乳化的机理研究 [J]. 淄博学院学报, 2002, 4 (3)：32～35.

[63] 王延遐, 刘永启. 机械搅拌制备柴油 - 甲醇 - 水乳化燃料的研究 [J]. 能源研究与信息, 2002, 18(3)：173～177.

[64] 盛宏至, 吴东垠, 张宏策. 柴油、甲醇和水三组元乳化液流变特性的研究 [J]. 西安交通大学学报, 2002, 36(10)：1080～1083.

[65] 傅茂林, 李海林, 王海, 等. 柴油机燃用柴油 - 甲醇 - 水复合乳化燃料的研究 [J]. 内燃机学报, 1995, 13(2)：101～109.

[66] 许锋, 杨定国, 潘贵成, 等. 用在线乳化技术实现柴油机低温燃烧的研究 [J]. 内燃机, 2005(2)：6～9.

[67] 衣丰艳, 何仁, 张跃华, 等. 随车乳化器在 N485Q 柴油机上节能研究 [J]. 中国公路学报, 2005, 18(3)：20～24.

[68] Wasa D T, Nikolou A D, Ainetti F. Texture and stability of emulsions and suspensions——role of oscillatory structural forces [J]. Adv Colloids Interface Sci., 2004, 108/109：187～195.

[69] 杨蔚权, 许世海, 钱亚宁. 甲醇与柴油互溶性研究 [J]. 重庆科技学院学报（自然科学版）, 2006(03)：18～22.

[70] 周庆辉, 纪威, 王冬冬. 利用生物柴油制取甲醇柴油微乳液及其热力学分析 [J]. 拖拉机与农用运输车, 2007, 196(2).

[71] 钟新宝, 姚志钢, 潘小燕. 微乳柴油的配制及其性能研究 [J]. 能源研究与利用, 2006 (01)：34～38.

[72] 谢洁, 王锡斌, 卢红兵. 柴油 - 甲醇微乳化燃料的制备及燃烧特性研究 [J]. 内燃机工程, 2004, 25(2)：1～5.

[73] 范敏. 微乳化柴油研究进展 [D]. 南京：南京理工大学, 2014.

[74] 夏舜午, 孙平, 邹齐敏, 等. 乙醇 - 正丁醇 - 柴油混合燃料的互溶性试验研究 [J]. 车用发动机, 2014(03)：43～48.

[75] Adiga K C, Shah D O. On the vaporization behavior of water – in – oil microemulsions [J]. Combust Flame, 1990, 80: 412~414.

[76] De Castro Dantas T Neuma, Da Silva A C, Neto A A D. New microemulsion systems using diesel and vegetable oils [J]. Fuel, 2001, 80: 75~80.

[77] 李顶根, 叶阳. 甲醇/柴油混合燃料柴油机性能试验研究及分析 [J]. 柴油机, 2012 (05): 17~21.

[78] 雷基林, 申立中, 毕玉华, 等. 乙醇 – 生物柴油 – 柴油混合燃料对柴油机性能和排放的影响 [J]. 农业机械学报, 2012: 21~24.

[79] 徐斌, 潘永方, 吴健, 等. 甲醇 – 柴油混合燃料对发动机燃烧及排放特性的影响 [J]. 小型内燃机与摩托车, 2012(04): 62~65.

[80] 周齐, 李宝成, 王勇. 甲醇汽车的应用 [J]. 城市公共交通, 2003, 5: 25~26.

[81] Thomas W, Ryan Ⅲ, Milan Maymar, et al. ustion and emissions characteristics of minimally processed methanol in a diesel engine without ignition assist [J]. SAE Paper 940326.

[82] Jabez Dhinagar S, Nagalingam B N. Spark – assisted Alcohol Operation in a Low Heat Rejection Engine [J]. SAE paper 950059.

[83] 丘必达. 纯甲醇发动机的研究与应用前景 [J]. 华南理工大学学报, 1996, 24(9): 96~102.

[84] Kenji Tsuchiya, Toshiyuki Seko. Combustion Improvement of Heavy – Duty Methanol Engine by Using Auto – ignition System [J]. SAE paper 950060.

[85] Toshiyuki Seko, EijiKuroda. Methanol lean burn in an auto – ignition DI engine [J]. SAE Paper 98053.

[86] 王艳华, 郑国璋. 甲醇燃料在车用发动机上的应用研究 [J]. 内燃机工程, 2005, 26 (4): 22~25.

[87] 宫长明, 刘金山. 火花助燃甲醇发动机燃烧特性研究 [J]. 燃机学报, 1998(1).

[88] Avedisian C T, Koplik Leidenfrost J. Boiling of methanol droplets on hot porous/ceramic surfaces [J]. International Journal of Heat and Mass Transfer, 1987, 30(2): 379~393.

[89] Galvin. Fuel supply system of diesel engine using methanol: US, 5150685 [P].

[90] 崔心存. 现代汽车新技术 [M]. 北京: 人民交通出版社, 2005.

[91] David P Gardiner, Robert W Mallory. Experimental Studies Aimed at Lowering the Electrical Energy Requirements of a Plasma Jet Ignition System for M100 fueled Engines [J]. SAE paper 961989.

[92] 郭英南, 宫长明, 徐百龙, 等. 分层燃烧甲醇发动机的研究 [J]. 内燃机工程, 1995, 16(3): 29~35.

[93] 孙志远, 王树奎, 傅茂林. 采用电热塞助燃法在原压燃式发动机中燃用甲醇的实验研究 [J]. 内燃机学报, 1995, 13(4): 352~359.

[94] Shi Shaoxi, Fu Maolin. Study on Pure Methanol in D. I. Diesel Engines by Hot – Surface Ignition [C] //Proc. of 10th ISAF, 1993.

[95] Waltra P. Principles of emulsions formation [J]. Chem. Eng. Sci., 1993, 48: 333~349.

[96] Wasan D T, Nikolov A D, Aimetti F. Texture and stability of emulsions and suspensions: role

of oscillatory structural forces [J]. Adv. Coll Inter. Sci., 2004, 108~109: 187~195.

[97] Manfred Kahlweit. Microemulsions [J]. Science, 1988, 240: 617~621.

[98] 崔正刚, 殷福珊. 微乳化技术及应用 [M]. 北京: 中国轻工业出版社, 1999.

[99] Winsor P A. Solvent properties of amphiphilic compounds [M]. London: Butter Worth Publication, 1954.

[100] 刘程. 表面活性剂大全 [M]. 北京: 北京工业大学出版社, 1992.

[101] Gareth D Rees, Brian H Robinson. Microemulsions and Organogels Properties and Novel Applications [J]. 1993, 5: 608~619.

[102] Entazul M Huque. The Hydrophobic Effect [J]. Chem. Edu., 1989, 66: 581~585.

[103] Kishida M, Hanaoka T, Kim W Y. Appl. Surface [J]. Sci., 1997, 121: 347~350.

[104] P. Liamos. Fcuokescence, Pzobe. study of Oil – in – water Microemulsions. Effect of Pentanol and Dodecane or Toluen on some Properties of sodium Dodecyl sulfate Micells. Phys. Chem. 1982(86): 1019~1025.

[105] Schulman J H. Mechanism of formation and structure of microemulsions by electron miroscory [J]. Phys. chem., 1959(63): 1677~1681.

[106] Geanes P G. Transletianal Diffusion and solution structure of Microemulsions [J]. Phys. chem., 1980(84): 2485~2490.

[107] 姚春德, 刘辰, 耿鹏, 等. 甲醇柴油双燃料燃烧结合 DOC/POC 耦合大幅度减少发动机微粒排放的研究 [J]. 环境科学学报, 2014(11): 2918~2923.

[108] Fernando García – Sánchez, Gaudencio Eliosa – Jiménez, Alejandrina Salas – Padrón, et al. Modeling of microemulsion phase diagrams from excess Gibbs energy models [J]. Chemical Engineering Journal, 2001, 84(3): 257~274.

[109] Heike Kahl, Sabine Enders. Thermodynamics of carbohydrate surfactant containing systems [J]. Fluid Phase Equilibria, 2002, 194~197: 739~753.

[110] Nguyen H T, Kommareddi N, John V T. A Thermodynamic Model to Predict Clathrate Hydrate Formation in Water – in – Oil Microemulsion Systems [J]. Journal of Colloid and Interface Science, 1993, 155(2): 482~487.

[111] 倪良, 蒋文华, 韩世钧. 用相平衡理论研究微乳液的形成机理 [J]. 石油化工, 2000, 29(10): 750~753.

[112] 张强, 汪晓东, 金日光. 油酸/氨水 – 醇 – 燃油 – 水微乳体系形成过程热力学函数的研究 [J]. 北京化工大学学报, 2001, 3(28): 24~28.

[113] 郭荣. 阴离子型微乳液的电导行为及其溶液结构 [J]. 化学学报, 1995(6): 553~557.

[114] 蒋才武, 张丽霞, 陈超球. 微乳液的微观结构、制备和性质 [J]. 广西民族学院学报 (自然科学版), 1998, 4(4): 30~33.

[115] 王忠, 赵洋, 李铭迪, 等. 甲醇/柴油 PAHs 形成途径的动力学模型与仿真 [J]. 江苏大学学报 (自然科学版), 2014(01): 35~39.

[116] 郭荣. 微乳液的微观结构与稳定性理论 [J]. 日用化学工业, 1989(6): 44~49.

[117] 李铁臻, 侯滨. 微乳化柴油配方的研制 [J]. 表面技术, 2004, 33(2): 72~74.

[118] 李仁春，王忠，袁银男，等. 甲醇－柴油发动机缸内燃烧过程分析 [J]. 车用发动机，2014(01)：82~86.

[119] Marcel Ginu Popa, Niculae Negurescu, Constatin Pana, et al. Results Obtained by Methanol Fuelling Diesel Engine. Daniel J. Holt, Alternative Diesel Fuels [C] //Society of Automotive Engineers Inc., USA, 2004：21~32.

[120] Cherng－Yuan Lin, Hsiu－An Lin. Effects of emulsification variables on fuel properties of tow－and three－phase biodiesel emulsions. Fuel. 2007(86)：210~217.

[121] 纪威，符太军，姚亚光，等. 柴油机燃用甲醇－乙醇－生物柴油－柴油混合燃料的试验研究 [J]. 农业工程学报，2007(03)：180~185.

[122] 张传龙. 地沟油制生物柴油及其柴油机燃烧模拟研究 [D]. 北京：中国农业大学. 2006.

[123] 符太军. 柴油－乙醇－生物柴油混合燃料的配制及其应用研究 [D]. 北京：中国农业大学，2006.

[124] Manski J M, Van der Goot A J, Boom R M. Influence of shear during enzymatic gelation of caseinate－water and caseinate－water－fat systems [J]. Journal of Food Engineering, 2007 (79)：706~717.

[125] Adam Macierzanka, Halina Szelag. Microstructural behavior of water－in－oil emulsions stabilized by fatty acid esters of propylene glycol and zinc fatty acid salts [J]. Colloids and Surfaces A：Physicochem. Eng., 2006(281)：125~137.

[126] 谢新玲，王红霞，张高勇. 柴油微乳液拟三元相图的研究 [J]. 精细化工，2004(1)：24~27.

[127] 王延平，赵德智，王雷. 柴油微乳液的配制与应用 [J]. 辽宁石油化工大学学报，2004(3)：15~18.

[128] 王延平，孙新波，赵德智. 微乳液的结构及应用进展 [J]. 辽宁化工，2004(2)：96~98.

[129] 哈润华，侯斯键. 微乳液结构和丙烯酰胺反相微乳液聚合 [J]. 高分子通报，1995 (1)：10~19.

[130] Mollet H, Grubenmann A，乳液、悬浮液、固体配合技术与应用 [M]. 杨光，译. 北京：化学工业出版社，2003.

[131] Kallol Mukherjee, Mukherjee D C, Moulik S P. Thermodynamics of Microemulsion Formation [J]. Journal of Colloid and Interface Science, 1997, 187(2)：327~333.

[132] Acharya A, Moulik S P, Sanyal S K, et al. Physicochemical Investigations of Microemulsi－fication of Coconut Oil and Water Using Polyoxyethylene 2－Cetyl Ether(Brij 52) and Isopropanol or Ethanol [J]. Journal of Colloid and Interface Science, 2002, 245：163~170.

[133] Neuma T, De Castro Dantas, Da Silva A C, et al. New microemulsion systems using diesel and vegetable oils [J]. Fuel, 2001, 80(1)：75~81.

[134] 崔心存. 内燃机的代用燃料 [M]. 北京：机械工业出版社，1991.

[135] Versteeg H K, Malalasekera W. An Introduction to Computational Fluid Dynamics [C] //The Finite Volume Method. New York：Wiley, 1995.

[136] O' Rourke P J, Amsden A A. The TAB Method for Numerical Calculation of Spray Droplet Breakup. SAE Paper 872089.

[137] Liu A B, Mather D, Reitz R D. Modeling the Effects of Drop Drag and Breakup on Fuel Sprays. SAE Technical Paper 930072.

[138] 卢美秀. 柴油机燃烧过程多维数值模拟分析研究 [D]. 北京：北京交通大学, 2005.

[139] 解茂昭. 内燃机计算燃烧学 [M]. 大连：大连理工大学出版社, 1995.

[140] Williams F A. Spray Comustion and Atomization [J]. Phys. Fluids, 1985, 1：541～545.

[141] 何学良, 李疏松. 内燃机燃烧学 [M]. 北京：机械工业出版社, 1991.

[142] 蒋勇, 朱宁, 邱榕, 等. 耦合详细/半详细反应动力学机理的碳氢燃料预混气着火过程及火焰结构数值预测 [J]. 山东内燃机, 2002, 72(2)：8～15.

[143] 周重光. LPG 发动机三维燃烧模拟计算与试验研究 [D]. 浙江：浙江大学, 2003.

[144] 朱一德, 梅德清, 吴焓, 等. 柴油机燃用混合含氧燃料的燃烧与排放 [J]. 长安大学学报（自然科学版）, 2014(04).

[145] Blauvens J, Smets B, Peters J. In 16th Symp. On Combustion. The Combustion Institute, 1977.

[146] Flower W L, Hanson R K, Kruger C H. In 15th Symp. On Combustion. The Combustion Institute, 1975.

[147] Momat J P, Hanson R K, Kruger C H. In 17th Symp. On Combustion. The Combustion Institute, 1979.

[148] 何金戈, 童开, 等. 地沟油生物柴油－柴油混合燃料燃烧特性和排放特性的试验研究 [J]. 科学技术与工程, 2014(14)：261～265.

[149] Westenberg A A. Combustion [J]. Sci.. Tech. 1971, 4：59.

[150] 张剑锋. 基于 CVI 的发动机台架 CAT 系统的研究 [D]. 北京：中国农业大学, 2006.

[151] 陈文森, 陈虎, 王建昕, 等. B20 生物柴油发动机性能及燃烧可视化 [C] //代用燃料汽车国际学术会议（ICAFV' 2006）. 成都, 2006.

[152] 成晓北, 黄荣华, 朱梅林. 柴油机燃油喷射雾化的 PIV 测量试验研究 [J]. 燃烧科学与技术, 2003, 9(3)：224～229.

[153] 汪洋. 激光诱导荧光法研究柴油机新概念燃烧中的喷雾混合过程 [J]. 燃烧科学与技术, 2002, 8(4)：338～341.

[154] 田辛. 用双色法研究内燃机燃烧火焰的温度场合碳烟浓度场 [D]. 北京：清华大学, 2004.

[155] 金华玉, 刘忠长, 王忠恕, 等. 柴油机燃烧过程模拟分析 [C] //中国内燃机学会 2006 年学术年会暨燃烧、测试分会联合学术年会论文集. 天津, 2006.

[156] 韩占忠, 王敬, 兰小平. FLUENT 流体工程仿真计算实例与应用 [M]. 北京：北京理工大学出版社, 2004.

[157] Fluent Inc.. FLUENT User' Guide. Fluent Inc.. 2003.

[158] 赵昌普, 宋崇林, 董素荣, 等. 柴油机燃烧多环芳香烃前驱体等物质的化学动力学研究 [J]. 燃烧科学与技术, 2005, 11(2)：29～35.

[159] Izumi Fukano, Kwnsuke Tagawa, Yoshihiro Kita. Simulation of catalytic reaction of methanol engine exhaust emissions [J]. JSAE review, 1996(17)：319～324.

[160] 黎苏, 黎晓鹰, 黎志勤. 汽车发动机动态过程及其控制 [M]. 北京: 人民交通出版社, 2001.

[161] Sawa N, Kajitani S. Physical properties of emulsions fuel(water/oil type) and its effect on engine performance under transient operation. SAE paper 920198.

[162] Castro D M, Alfonso J, Rubinos R, et al. Water/gas oil emulsions using residual as emulsifier [C] //Proceedings of Emulsions World Conference. France, 1997.

冶金工业出版社部分图书推荐

书　名	作　者	定价（元）
化石能源走向零排放的关键——制氢与CO_2捕捉	乔春珍	18.00
生物柴油科学与技术	舒　庆　等	38.00
生物柴油检测技术	苏有勇　等	22.00
车辆燃料生命周期能耗和排放分析方法	高有山	29.00
钢铁冶金原燃料及辅助材料（本科教材）	储满生	59.00
大型循环流化床锅炉及其化石燃料燃烧	刘柏谦　等	29.00
燃料及燃烧（本科教材）	韩昭沧	29.50
燃料电池（第2版）（本科教材）	王林山	29.00
冶金原燃料生产自动化技术	马竹梧　等	58.00
燃料电池及其应用	隋智通　等	28.00
蓄热式高温空气燃烧技术	罗国民	35.00
高性能复合相变蓄热材料的制备与蓄热燃烧技术	王　华	30.00
烧结烟气排放控制技术及工程应用	朱廷钰　等	89.00
铁矿石烧结过程二噁英类排放机制及其控制技术	俞勇梅	35.00
二噁英零排放化城市生活垃圾焚烧技术	王　华	15.00